饮料

写给孩子的 植物 发现之旅

小牛顿科学教育有限公司 / 编著

刘冰 / 审订

海豚出版社
DOLPHIN BOOKS
CICG 中国国际传播集团

图书在版编目（CIP）数据

饮料 / 小牛顿科学教育有限公司编著. -- 北京：
海豚出版社, 2023.5
（写给孩子的植物发现之旅）
ISBN 978-7-5110-6358-8

Ⅰ. ①饮… Ⅱ. ①小… Ⅲ. ①饮料－青少年读物
Ⅳ. ①TS27-49

中国国家版本馆CIP数据核字(2023)第054491号

饮料　小牛顿科学教育有限公司　编著

出　版　人：王　磊

责任编辑：许海杰　张国良
美术编辑：吴光前　李　利
责任印制：于浩杰　蔡　丽
法律顾问：中咨律师事务所　殷斌律师

出　　　版：海豚出版社
地　　　址：北京市西城区百万庄大街24号　邮　　编：100037
电　　　话：010-68996147（总编室）　010-68325006（销售）
传　　　真：010-68996147
印　　　刷：北京鑫益晖印刷有限公司
经　　　销：全国新华书店及各大网络书店
开　　　本：16开（787mm×1092mm）
印　　　张：6.625
字　　　数：50千
版　　　次：2023年5月第1版　2023年5月第1次印刷
标准书号：ISBN 978-7-5110-6358-8
定　　　价：45.00元

给读者的话

在中世纪的欧洲，香料（胡椒、肉桂、豆蔻等）是昂贵奢侈的贸易商品。数百年间，香料贸易一直被阿拉伯人及地中海贸易商控制着，对于出产各式香料及珍宝的遥远而陌生的东方，欧洲人既渴望又怀有无穷的想象。

1492 年，意大利航海家哥伦布自西班牙出发，首度航行到美洲，"发现"了新大陆，所谓的"地理大发现"时期就此展开。地理大发现不仅开拓了新航线，使东西方贸易大量增加，也改写了人类历史。

从拥有丰富航海传统的海滨国家西班牙和葡萄牙，到后来的荷兰、法国、英国，欧洲的船队驶过了大西洋、印度洋、太平洋，对他们"发现"的美洲、非洲、亚洲各地进行疯狂的掠夺。除了预期中的香料之外，一些原本平凡的植物如烟草、棉花、茶、橡胶树等，都在欧洲人的大规模操纵下，变得珍贵无比，所牵涉的地区也出现了翻天覆地的变化，命运全然改变。

《写给孩子的植物发现之旅》系列通过一则则生动有趣的故事，带领孩子们认识香料、黄金植物（棉花、橡胶、烟草等）、饮料（可可、咖啡、茶、酒等）及园艺植物，看看这些与人类生活密切相关的植物，当初是如何被"发现"并站上世界舞台，扮演着关键且重要角色的。

目 录
CONTENTS

第一章

众神的饮料
——可可

风行全世界的饮料

　　海洋对地球而言是相当重要的存在，占地球表面 70% 左右，深刻影响了地球的气候、水循环、碳循环等系统。就像地球上的海洋比例一样，人体也有 70% 是由水分组成，身体的水分如果丧失 10%，人体就会觉得不舒服，如果水分丧失 20%～25%，人体的存活就会受到影响。因此人类要活得健健康康，不仅要有食物提供能量，更需要水分让身体的循环、血压、心跳都维持正常运行；而除了真正的"喝水"以外，人类也从食物和饮料中获得身体所需的水分。探究人类文明的发展过程可以发现，现代社会常见的酒、茶、咖啡、可可等饮料在古代中外的历史和社会中都占据着重要地位。

　　可可、咖啡和茶是世界三大不含酒精的饮料。原产于中南美洲的可可，原

来是加了辣椒等香料而又苦又辣的糊状饮料; 16世纪传入欧洲后，有人在可可中加了糖，才开始在贵族间流传起来，逐渐变成大众的流行饮料。咖啡是现今全世界饮用人口最多的饮料，虽起源于非洲，却因其苦涩与甜美并存的味道很快成为欧洲人的日常饮料；而许多思想家、文学家、革命家常在咖啡馆聚会、激辩、写稿，咖啡馆也成为影响世界的新思维、文学名著诞生的摇篮。最早喝茶的民族是中国人，而这种可以清心、去腻、除烦的饮料从东方传到西方后，也很快就变成人人爱喝的饮料，成为人们生活的一部分。

人类很早就懂得利用发酵来酿酒。只要是富含糖分的水果或是高淀粉质的谷类，在自然界中很容易就会和酵母菌发生作用，如果没有酸败，最后就会得到滋味甘醇的酒精饮料。当人类越来越能掌握酵母菌以及控制发酵进行的环境时，酿酒开始在人类的生活中占有重要地位，在敬神、祭祀、欢愉、悲苦时均可看见酒的身影。

甜蜜的诱惑

"好冷！好冷！妈妈，拜托快帮我泡一杯巧克力。"

从大雨中奔进家门的孩子大叫着！直到喝完热热的巧克力，冰冷的身体才稍微觉得舒服了些。

小朋友们都爱香浓可口的巧克力，不论是做成饮品还是饼干、糖果，总是以其独特的口味让大家难以忘怀。其实巧克力的风味不仅现代人喜欢，早在数千年前，人类

> 白巧克力、黑巧克力、牛奶巧克力……各种风味迥异的巧克力都让人垂涎欲滴。

就开始种植制造巧克力的原料——可可豆，也把可可的种仁做成饮品，但味道苦苦辣辣的，并非特别可口，和现今的滋味截然不同。从古代到现代，可可风味的变化蕴藏了许多人的智慧与努力！

生长在赤道附近的可可树

可可树原产于南美洲高温多雨的赤道附近，学名是 Theobroma cacao，由 18 世纪植物学家卡尔·冯·林奈命名，"Cacao"是当地原住民对可可的称呼，"Theobroma"则取自希腊文"众神的食品"之意。"巧克力"之名来自当时印第安人称可可饮料为"cacahuatl"，经过长时间演化，成为今天我们所称的巧克力（chocolate）。

可可树是一种热带常绿乔木，适合生长的区域是在南北纬 20 度之间，种植时可采用种子、枝条扦插或树苗栽培等方式。成树最高可达 7 米，种植后 5~7 年可以开始采收

可可树的荚果直接生长在树干上，剖开荚果后可以看到包覆在白色果肉中的可可豆。

可可豆，持续采收时间为 30 年左右。可可树叶片宽阔，白色花直接簇生于枝干上，荚果也直接长在枝干上，成熟期为 4~6 个月，每年虽可成熟两次，但主要收获期为 10~12 月。可可的荚状果实初生时为绿色，长 15~25 厘米，直径 7~10 厘米，内有 20~40 粒种子，种子的长度约 2.5 厘米。每棵可可树一年可以收获 1~2 千克可可豆。可可豆中，50％~60％的成分是可可脂、可可碱和咖啡因。

从"树上黄金"到丝滑巧克力

即便在现代，许多工序均可由自动化器械完成，可可的种植与采收仍需依赖大量人工。可可果采收后，工人会将可可果剖开，可可豆就包裹在富含糖分的白色果肉内。工人将裹着果肉的可可豆集中，覆盖上香蕉叶，利用酵母菌、乳酸菌、醋酸菌使其发酵。发酵完成后剔除果肉，把可可豆移到太阳下曝晒数天。这一干燥过程中要特别谨慎照看，避免产生细菌、霉菌以致影响可可风味。干燥后的可可豆被直接运送到巧克力工厂，

巧克力原料的制作

筛选
可可豆从产地运送到加工厂，经过质量筛选就可以进入生产线。

去壳
可可豆的外壳不能食用，因此必须去除，取出果仁才能进行下一步加工。

烘焙
在烘焙机中不断翻转可可豆，将其香气充分且均匀地烘烤出来，这是决定巧克力质量的关键。

碾碎
烘焙过的可可豆经冷却后被碾碎变成可可糊，这是制作巧克力的基本原料。

可可糊

可可脂

可可硬块

压榨
将可可脂从可可糊中压榨出来。过滤后的可可脂是制作白巧克力的原料；滤出可可脂后剩下的可可硬块，可以制作黑巧克力或其他巧克力，若加入奶粉则变成牛奶巧克力。

制成可可浆、可可脂、可可粉等不同形态的原料后，就能用来加工制作巧克力等美食了。

可可豆采收后的发酵、干燥作业通常都在产地进行，可以说是生产地人民重要的收入来源。可可与咖啡、茶并列为世界三大饮料，所以生长在可可树上的可可果称得上是生产国的树上黄金，甚至成为许多国家最重要的财富来源。

尊贵神奇的黑色饮料

"陛下，请用午膳。"仆人端上了许多杯杯盘盘，恭敬地对阿兹特克帝国皇帝蒙特祖玛说道。

"嗯。"皇帝威严地轻应一声后，端起一杯糊状饮品啜了几口。

考古显示，可可树是在南美洲赤道一带开始出现的。距今 3500 年前墨西哥湾南岸的奥尔梅克人可能是最早种植可可树的民族。可可树大约在公元前 600 年时传到玛雅人的居住地，玛雅人把收取的可可豆卖给阿兹特克人，阿兹特克人烘焙、研磨可可豆后，制成一种看起来很像"人血"的饮料，用于宗教仪式中。

在玛雅文化中，可可饮料是高贵神圣的象征，平时只有皇帝与贵族才能享用。这种高级饮品只有在婚丧喜庆等重要仪式中才会出现，或是被皇帝用来奖赏有功战士。当时最普遍的吃法是把可可豆放在石臼中磨碎，加入水、玉米粉、蜂蜜、花朵和胡椒、辣椒等辛香料，搅拌成糊状制成一种又苦又辣的饮料。因其含有独特的刺激性成分，所以在后来出土的玛雅医药典籍中，记载着可可豆具有提神醒脑、减轻疼痛的神奇疗效。

同为意大利人的吉罗拉莫·本佐尼在美洲留居 15 年后，于 1565 年出版的《新大

在玛雅壁画中绘有神祇照料可可树的场景。

陆的历史》一书，是最早记录印第安人所喝的原始可可饮品的文献之一。根据他的描述，从欧洲人的眼光来看，这种豆糊饮料"比较适合喂猪，不像是给人喝的"。不过虽然看起来不好看，喝起来味道也有点苦，但神奇的是，这种饮料"能让人感到满足，还能提神，而且喝了不会醉，印第安人都认为这是无上圣品"。

- 植物通识课
- 快乐游乐场
- 奇趣大百科

抖音扫码

8

作为货币的黑色豆子

长达千年以来，可可饮品在中南美洲被视为尊贵饮料。直到 15 世纪末，探险家哥伦布发现新大陆后，可可终于正式踏上世界舞台。哥伦布的船队在墨西哥靠岸时，印第安人想用可可豆和船员们交换货品，一不小心豆子撒了出来，大家竟然争相捡拾，欧洲人才发现这种黑色豆子在当地居然是一种货币！

根据 16 世纪末一位法国记者法兰西·奥维多游历尼加拉瓜时的记录，以当时的物价，用可可豆进行买卖的话，一只兔子约值 10 粒可可豆，当地盛产的热带水果人心果要价 4 粒可可豆，一个奴隶则要 100 粒可可豆，可可豆之珍贵可见一斑。

在阿兹特克人眼中，可可是尊贵的象征。这件 15 世纪以火山石刻成的《携带可可豆荚的阿兹特克人》塑像，现存美国纽约布鲁克林博物馆。

苦辣饮料华丽变身

"请您尝尝我们最尊贵的饮料。"印第安人频频向哥伦布递上浓稠的豆糊。
"喝起来苦苦、辣辣的，味道实在不怎么样！"哥伦布心里嘀咕着。

哥伦布喝过神秘的可可饮料后实在无法喜欢，不过他还是把可可豆当成奇珍异品带回欧洲。随着航海时代来临，欧洲的探险家在 16 世纪前赴后继出海寻找新大陆和殖民地。1519 年，埃尔南·科尔特斯率领船队到达墨西哥，对当地辛辣的可可饮料很感兴趣，就将可可豆带回西班牙研究与改良，并推荐给西班牙皇室与贵族饮用。后来，可可饮料广受上流社会欢迎，使得可可豆的需求大增。第一艘满载可可豆的商船在 1585 年从墨西哥的港口出发，航向西班牙塞维利亚港，也正式开启了一趟改变可可豆命运的航程。

埃尔南·科尔特斯
埃尔南·科尔特斯是西班牙探险家，也是将可可饮料带到欧洲的重要推手。

16 世纪的塞维利亚港商船云集，西班牙船队不断从新大陆运来贵金属、可可等物资。

欧洲皇室的"补品"

16世纪末，将可可豆研磨后加入肉桂、香草等香料所调成的可可饮料成为风靡欧洲贵族间的补品。

可可饮料风靡欧洲前，其对身体的影响被仔细调查过。西班牙国王腓力二世在1570年派御医前往新大陆访查，最终得到的结论是可可性质温和而且滋补，但略带一些湿寒，因此最好搭配热开水饮用，具有暖胃、帮助呼吸畅顺、抗发炎、驱除毒

素和舒缓痛症的功效。如同现代人为了追求健康而补充营养品一般，16世纪末，西班牙上流阶层接受了这种来自新大陆的补品。他们将可可豆磨碎后，加入糖、肉桂、香草等温和的香料，用热水调和，调配出更符合西班牙人口味的可可饮料。1660年，西班牙的玛丽公主嫁给法王路易十四，可可饮料随着公主的嫁妆来到法国，同时迅速在法、英等欧洲贵族间流行起来。

玛丽·特蕾莎公主
西班牙的玛丽·特蕾莎公主成为法国王后后，饮用可可饮料的习惯也跟着传入法国。

意大利画家彼得罗·隆吉在一幅1780年左右的画作中描绘了欧洲人早上喝巧克力饮料的情景。可可饮料经过改良后深受欧洲贵族喜爱，尤其是前一天晚上饮酒太多，次日早上喝杯热巧克力饮料就能舒缓肠胃不适。

可可饮料传入欧洲伊始即被视为补药，加上含有使人兴奋的成分，因此一直蒙着一层神秘的色彩，同时被视为贵族间奢华的象征。也有贵族比较纠结，因为其易失眠，喝了更夜不成眠，不喝的话又让人心痒难耐、牵肠挂肚。更有贵族认为可可是被诅咒过的饮料，喝了会让人生病、心悸、发狂。等到食品科学日益发展后，才明白这一切都是可可中所含的咖啡因作祟。

可可、茶、咖啡三种饮料几乎在相同的时间抵达英国，城市中的可可馆、咖啡馆如雨后春笋般出现，迅速成为人们评议时政的社交场所。当时的国王查理二世担心王权受到影响，曾于1675年试图禁止咖啡馆和可可馆的开设，结果引起民怨，禁令最后无疾而终。有趣的是，以当时的物价而言，喝茶最贵，可可次之，咖啡最便宜。因此，随着时代发展，原本兼卖这些饮料的店铺最后统一称为咖啡馆。

17世纪，兼卖咖啡、茶、可可的饮料店蓬勃发展，成为欧洲人经常聚会的社交场所。

由贵族专享变为大众饮品

约1580年前后，西班牙出现了专门制作添加糖、香料等各种佐料的可可糊工厂。到了17世纪中叶，可可饮料大都由街头上的小贩贩卖，最常见的口味只添加了糖、香荚兰等用以增添甜味与香气的佐料。1657年，一位住在伦敦的法国人开设了全世界第一家可可馆，同时兼卖咖啡、烟草。到了1715年，仅伦敦一地就有超过2000家贩卖可可的饮料店。这样，经过100多年的发展，可可从贵族专享变成了平民也能品尝的饮品。

可可饮料在19世纪前并不普及，主要原因是可可豆中高达50％以上的可可脂使得可可糊质地粗糙，即使做成固态也是易碎且不可口。让可可加工品变得好吃的重要人物是荷兰的可可商康拉德·范·豪坦，他始终致力于制造含油量较少的可可点心。经过十余年改良，他终于在1828年研发出螺旋压榨机，在把可可研磨成粉的过

法国画家保罗·加瓦尼于1855年所绘——贩卖可可饮品的小贩。

豪坦家族在阿姆斯特丹开设可可加工厂，制造添加牛奶的可可饮料或加糖、肉桂、香草的可可饼干。

程中，将可可脂降低至 27％。利用这种去脂的可可粉来调制热巧克力，风味几乎没有受到破坏，可可粉因而成为热销商品。

饮料变成美味点心

制造可可粉过程中产生的可可脂原本没有特别用途，英国的弗莱父子商号（J.S.Fry & Sons）在 1847 年发现，把可可粉、糖与溶解的可可脂重新混合成可可酱，倒入模型凝固后制作出巧克力棒，风味独特，很受大众欢迎。弗莱父子由此取得英国海军的特许经营权，成为当时世界上最大的巧克力棒生产商。

此后，可可加工厂越来越多，越来越多的人投入提升可可的风味与制程的研发

最早的海螺机是模仿自玛雅的研磨石板，它是利用一个沉重的花岗岩滚筒，在花岗岩磨床上前后移动，同时研磨、混合可可豆成为细小的粉末。

从最初只能作为饮品，到现今各种令人眼花缭乱、人见人爱的精致美食，可可数千年的演变历程宛若人类食品加工技术进步的缩影。

工作。1876年，一位瑞士甜点师丹尼尔·彼得把刚刚研发成功上市的干燥奶粉和可可混合后，做出最早的固态牛奶巧克力，不仅风味相互搭配，牛奶蛋白更能降低可可中的天然涩味，使产品口感更显温和。1879年瑞士的可可制造商鲁道夫·莲发明了海螺碾压机，这种机器能以几小时甚至几天的时间慢慢研磨、揉压可可粉、可可脂、糖与奶粉，慢工细活制成的巧克力口感更滑顺细致，这种方式一直沿用到现在。

　　风行全世界的可可历经数千年的改良和创新，从可可豆开始，经过各种繁复的加工工序，创造出当今种类最丰富、最令人无法抗拒的美食。只要白色可可脂、黑色可可块和牛奶巧克力三种基本素材具备，就能变化出数以千百计的饮品、蛋糕、饼干、糖果等让人喜爱的甜蜜滋味。

◎ 植物通识课
◎ 快乐游乐场
◎ 奇趣大百科

抖音扫码

第二章

魔鬼的黑色饮料
——咖啡

魔鬼的黑色饮料

"今天晚上要赶一些明早开会用的文件，请帮我煮一壶咖啡吧！"爸爸站在书房门口对妈妈说。

咖啡具有提神醒脑的功效，因此不少人在早上起床或是熬夜时都会靠咖啡来提振精神。这种起源于非洲的饮料，最早是由阿拉伯人开始饮用，传入西方后逐渐发展成世界上饮用人口最多的饮料之一。

"像魔鬼般黑暗，像地狱般酷热，像天使般纯洁，像爱情般甜美。"曾经有诗人这样写下对咖啡的印象。当时的人们认为咖啡同时兼具黑暗、甜美的特性，可以给人强烈的爱好与憎恶的感受。早期的欧洲人把咖啡称为"魔鬼的黑色饮料"，除了满足人们的口腹之欲外，更能激起革命与创造的精神。有些人很难理解又酸又苦的咖啡魅力何在？但是咖啡的爱好者却格外享受这种微酸的苦涩和芬芳在味蕾上绽放的感觉。

咖啡的全球旅程

"我的羊到底怎么了？为什么一直跳来跳去，完全无法安静下来？"牧羊人加尔第忧愁地看着他的羊群。

"难道是吃了这些红色果子，它们才会发疯吗？"加尔第把果子带回去，请教寺院中聪明的僧侣。

全世界很多人都爱喝咖啡，但咖啡究竟是如何进入人类的饮食清单中的，则是众说纷纭。最普遍的传说是在 9 世纪左右，埃塞俄比亚的卡法（Kaffa）地区有一位名叫

传说是因为羊儿吃了咖啡豆后精神大为亢奋，人们才知道食用咖啡豆可以提振精神。

加尔第的牧羊人，在放牧时发现山羊突然兴奋地四处蹦蹦跳跳，甚至用后脚直立起来跳舞；到了夜里也不睡觉，还是在围栏里跳来跳去。牧羊人觉得很奇怪，猜想山羊可能是吃了某种具有兴奋作用的植物，于是就在放牧时仔细观察，终于发现了一片结着累累红艳果实的树丛，山羊吃了那些果实之后就变得很亢奋。加尔第将果实采下，带到附近的寺院，向僧侣们提起这件怪事。僧侣尝试将这些果实煮成饮料。虽然这种饮料看起来颜色暗黑、喝起来味道苦涩，不过神奇的是喝了以后精神变好、不易疲倦。于是僧侣们开始每天饮用这种饮料，渐渐地发现这种饮料对身体也有一定的好处，于是这种被称为"咖啡"的饮料就流行起来了。

这个经由"跳舞羊"发现咖啡的故事虽然广为流传，但一直到17世纪，只有在零星的旅游传记中被提到，并没有值得信赖的历史文献可以佐证。根据植物种源学的相

16世纪左右，咖啡豆从阿拉伯半岛传入欧洲，在当时是非常重要的贸易商品。

关证据，咖啡应该是起源于埃塞俄比亚中部的高原，加上"跳舞羊"的传说，埃塞俄比亚一直被人们视为咖啡的故乡。

据考证，11世纪左右人类开始食用咖啡。非洲的游牧民族会把咖啡叶、咖啡果煮成饮料，也会咀嚼整颗咖啡果实，因为咖啡豆富含咖啡因，在当时被当作提神妙药。游牧民族也会把磨碎的咖啡豆、香料等混合在动物油脂中，作为放牧或长途旅行时补充体力的食物。

大约13世纪时，咖啡经由非洲奴隶的流动传播到中东地区，很快就成为酒的替代品，广受大众欢迎。当时的贵族会将咖啡装在罐子中作为招待客人的饮料，平民则聚集在咖啡馆一边喝咖啡一边聊天。在15世纪以前，咖啡几乎只在埃及、土耳其、波斯等国家间流传，不论在医学和宗教上，都被认为具有提神、醒脑、强身、健胃等功效。而咖啡种植、加工的方法也因阿拉伯人的不断改进而逐渐完善。

16世纪中叶，奥斯曼土耳其帝国占领也门，也门成为当时咖啡输出的主要港口，除了运到奥斯曼土耳其外，也会运送到法国、奥地利等地。因为种植咖啡有庞大的利润，如果私自将咖啡种子带出国会被以叛国罪论处。奥斯曼土耳其独占咖啡贸易的情况一直持续到17世纪中叶，有一位名叫巴巴·布丹的朝圣者偷偷将种子带回印度家乡栽种，结束了阿拉伯人垄断咖啡市场的时代。18世纪初，咖啡传到印度尼西亚爪哇岛，被当时的海上霸主

巴勒斯坦咖啡馆
几百年前，阿拉伯人就已喜欢聚集在咖啡馆谈天论地了。

荷兰带到加勒比海地区，此后荷兰取代奥斯曼土耳其在咖啡市场中的霸主地位，成为全世界最大的咖啡贩卖国。

16世纪左右，咖啡被威尼斯商人引入欧洲，因为呈现出的黑色让一些极端的宗教人士联想到疾病和死亡，所以这些人把咖啡当成一种"魔鬼饮料"，极力鼓动当时的教皇克雷芒八世禁止这种饮料。但克雷芒八世品尝后，非常喜欢咖啡的风味，还为咖啡祝福，从此上行下效，咖啡进而成为欧洲人日常不可或缺的饮料。

咖啡的提神效果来自咖啡因。咖啡因又称咖啡碱，每颗咖啡豆中含有2%~3%的咖啡因。咖啡因会刺激中枢神经系统与脑部的血液循环，因此能够缓解头痛、提振精神，并使注意力集中。但是过量饮用咖啡，也会引起心律不齐、焦虑、血压升高、胃痛、

胃溃疡等症状。除了咖啡以外，茶、可可等其他 60 多种
植物中也含有咖啡因成分，因此也都具有提神效果。

咖啡因
咖啡中含有大量的咖啡因，这
是一种中枢神经兴奋剂，能暂
时驱走睡意并恢复精力。

从 17 世纪开始，咖啡馆就成为上流社
会人士休闲与交际应酬的场所。

别样的咖啡文化

人们喝咖啡有将近千年的历史，也发展出蒸煮、滤滴、炭焙等大不同的烹调咖啡方式。一杯杯黑色芳香的饮料，再加入牛奶、糖、酒、香料等予以调和，就能变化出各种截然不同却让人拍案叫绝的极致风味。

"你今天如果往南方走，应该可以遇到你想见的人。"咖啡占卜师看着残存的咖啡渣对着孩子说。

"真的吗？我跟小南还有见面的机会吗？"孩子心怀希望，走出了咖啡店。

煮咖啡的人将咖啡壶在沙中轻轻移动，咖啡一旦煮沸，就会汩汩冒出，看起来相当神奇。

在各式烹煮法中，土耳其咖啡的烹煮方法历史悠久，最早兴起于奥斯曼土耳其帝国。烹煮前要将咖啡豆研磨成细腻的粉状，放进专用的长柄铜制咖啡壶中。烹煮时也可以加入个人喜好的调味料，轻轻搅拌，等咖啡冒泡便可离开火源。加热的时候不要使水沸腾，以免咖啡风味尽失。还有一种烹煮土耳其咖啡的方法叫作"沙煮咖啡"，是将磨得非常细的咖啡粉和水放入特制的长柄铜制咖啡壶中，再把咖啡壶身埋进沙中加热。咖啡煮沸后会大量涌出，这时要迅速把上层的咖啡倒出，再把咖啡壶放回沙子里继续加热。这样反复数次后，一杯非常浓郁的土耳其咖啡就产生了。饮用土耳其咖啡后所残存的咖啡渣被一些人认为可以用来占卜命运，通常占卜师会先将咖啡杯倒转放置于茶碟

烹煮土耳其咖啡专用的长柄铜制咖啡壶。

上，等到杯子冷却后，再观察咖啡碎渣的图案来预测命运。

现在最常见的意式浓缩咖啡是意大利人常喝的咖啡，它是利用浓缩咖啡机以高压方式在瞬间蒸煮完成的，上层浮着一层褐色的咖啡脂细沫，称为"克立玛"（crema）。虽然很多人喜欢单纯品尝黑咖啡，不过在咖啡中加入牛奶也是不错的选择，尤其是热牛奶更能凸显咖啡天然的甘甜风味。利用浓缩咖啡、热牛奶可以变化出各种不同的咖啡饮品，如意大利人爱喝的卡布奇诺、拿铁。卡布奇诺是将浓缩咖啡、牛奶、蒸汽打出的热奶泡以 1∶1∶1 的比例混合，多了奶泡的香醇，咖啡的苦味大为降低；拿铁咖啡则是以 1/3 的浓缩咖啡搭配 2/3 的牛奶，喝起来有更浓郁的奶香。

法国人喝咖啡时也喜欢加入大量的牛奶和糖，欧蕾咖啡是法国常见的花式咖啡，法文的 Café au lait 便是指加入大量牛奶的咖啡，和意式拿铁咖啡很相近，但法国人习惯用大杯子装欧蕾咖啡。

把意式浓缩咖啡用热水稀释后就是美式咖啡，传说这是在第二次世界大战期间，美军在欧洲战场上发明的喝法。因为意式浓缩咖啡口感太强烈，而且分量太小，就改良成在其中加入一定比例的热水来喝，这样一来不仅分量变大，也保留了咖啡的香醇

浓缩咖啡具有强烈的口味，经常用来制作拿铁、卡布奇诺、摩卡、美式咖啡等口味的咖啡饮品。

牛奶、奶油、糖浆、巧克力碎片等都是咖啡的好朋友，可以让咖啡口味产生多种变化。

风味，时至今日，美式咖啡已成为美国人早餐必备的饮料。

奥地利著名的维也纳咖啡则是在美式咖啡中加入鲜奶油与巧克力糖浆调制而成；加入白兰地和肉桂棒的爱尔兰咖啡、撒上可可粉的摩卡咖啡，甚至是加了冰激凌的漂浮冰咖啡，爱好者也大有人在。不同形式与口味的花式咖啡增添了人们喝咖啡的乐趣与美好的享受。

速溶咖啡对忙碌的现代人而言，符合其方便快捷的需求。最早的速溶咖啡是19世纪晚期由新西兰人戴维·斯特朗发明并申请专利。1906年，美国发明家乔治·华盛顿发明了大规模生产速溶咖啡的技术，产品在1910年正式上市，随后在第一次世界大战

麝香猫咖啡

让麝香猫吃下咖啡豆，在其胃里去壳，因为咖啡豆无法消化，最后会被排泄出来，经过清洗与烘焙就是麝香猫咖啡。由于由麝香猫的排泄物制造而成，因此又称猫屎咖啡。这种咖啡因为经过麝香猫的消化道发酵，苦涩味大为降低，但因产量很少，所以价格昂贵。而野生与人工养殖的麝香猫咖啡产地，主要集中在印度尼西亚的苏门达腊岛、爪哇岛、巴厘岛、苏拉威西岛等地。因为养殖过程不人道，很多人并不赞同生产这种咖啡。

拉花咖啡

拉花咖啡的英文是 Latte Art，顾名思义就是拿铁艺术。拉花咖啡的基底大都是浓缩咖啡，这是因为浓缩咖啡上有一层厚厚的咖啡脂，能够产生足够的表面张力托起由微小气泡所组成的奶泡。咖啡师将鲜奶与奶泡倒入咖啡杯时，利用手腕轻微的震动来控制奶泡和油脂的排列，就能在咖啡上画出优美的图案，让人们喝咖啡的同时也能享受视觉上的美感。

期间成为重要的军需用品，满足了战场上的将士想喝咖啡的需求。1938 年，为了解决咖啡豆过剩问题，巴西政府与雀巢公司共同研发了更先进的喷雾干燥法来制造速溶咖啡。因为速溶咖啡不必经过繁复的冲煮程序，很快就能溶化在热水中，耐储存、在储运过程中占用的空间和体积很小，因此广受大众欢迎。不过，速溶咖啡由于是工业化生产产物，制程无法完全呈现咖啡豆的香味，也会有使用劣质咖啡豆之嫌，也受到相当多咖啡爱好者的排斥。

在露天咖啡座喝一杯咖啡，晒晒太阳、聊聊天是欧洲人非常喜爱的休闲活动。
（图片来源：Luisa Fumi/Shutterstock.com）

植物通识课
快乐游乐场
奇趣大百科

抖音扫码

文青最爱咖啡馆

双叟咖啡馆

名字来自柱子上的两个中国买办的木制雕像，原是贩卖来自世界各地的珍宝、布料以及中国的丝绸，1885年改为咖啡馆，成为巴黎文化与知识交流的重镇。

（图片来源：Petr Kovalenkov/Shutterstock.com）

咖啡最早在阿拉伯人中间流行，咖啡屋则是男人们聚集谈论时事等的场所。咖啡传入欧洲时被称为"阿拉伯酒"，17世纪时欧洲第一家咖啡馆开始营业，很快就成为上流社会的人们进行社交活动的场所。欧洲许多历史悠久的咖啡馆通常是知名艺术家流连驻足的场所，充满了文艺气息。例如巴黎的花神咖啡馆、双叟咖啡馆自20世纪以来便是知识精英、文学家、艺术家聚会的场所。这些人就在咖啡馆里交流着影响后世的思想或是写下流传千古的名著，例如西蒙·波伏娃、萨特、海明威、毕加索都是这里的常客。咖啡不但丰富了法国人的味觉，咖啡馆也成为法国大革命的摇篮，许多法国思想家如卢梭，或是革命领导者乔治·雅克·丹东等人都在咖啡馆批

花神咖啡馆

花神咖啡馆是法国巴黎著名的咖啡馆，和双叟咖啡馆隔一条小巷道相望，西蒙·波伏娃、萨特、毕加索等人都是这里的常客。

（图片来源：Petr Kovalenkov/Shutterstock.com）

评时政、筹划革命大计等。巴黎的露天咖啡座是巴黎文化的最佳代表之一，除非是风大雨大，否则巴黎人绝对不可能放弃坐在露天咖啡座喝一杯的机会，尤其是在阳光普照的夏季，室外的座位永远比室内的抢手。除个性化小店外，到连锁咖啡馆喝咖啡也是一种世界潮流，那里可以为喜爱咖啡的人们提供标准化的咖啡选项。

第二章

魔鬼的黑色饮料——咖啡

第三章

咖啡豆华丽的冒险

藏在咖啡里的艺术

经过去皮、干燥等过程才能得到咖啡生豆，不过绿色的咖啡生豆并没有味道，还得经过烘焙才能显现其特有的酸、甜、苦、甘的风味与香气。烘焙咖啡豆是一项工艺，不同产地、不同烘焙方法的咖啡豆要用哪种冲泡方式，才能让咖啡在味觉、嗅觉等感官的体验中完全迸发，更是一门永无止境的艺术历程。

种植者的 "致富豆"

咖啡树是原生于非洲的植物，咖啡受到人们喜爱后，野生的咖啡供不应求，人们只好开始尝试人工种植咖啡树。在气候、雨量均适宜的地区，咖啡种植园大片大片地出现，从而生产出大量咖啡豆，并销售到世界各地。18 世纪时，拥有咖啡园的农民很

咖啡花
咖啡花呈白色，通常在清晨开放，1~2 天便会凋谢。在这短暂的时间内要完成授粉，才能顺利结出果实。

快就因咖啡而致富，当时的咖啡豆可算是"富裕之豆"。

　　咖啡树在植物学分类上属茜草科咖啡属，有 60~70 种，是多年生常绿灌木，全世界以巴西、哥伦比亚、科特迪瓦、墨西哥、印度尼西亚、印度、肯尼亚等地为主要产区。最优良的咖啡树主要生长在海拔 1300~3000 米、降雨量充足的热带及亚热带地区，集中于北纬 28° 到南纬 30° 之间被称为"咖啡带"的地区。一般来说，咖啡树通常可以长到 5~10 米高，不过为了方便采摘，通常被修剪至 2 米以下。

　　咖啡依照种类不同而有不同的花期，但一般在雨季后开花。白色的咖啡花通常在清晨开放，散发出类似茉莉的香气，1~2 天便会凋谢。经过昆虫做授粉后，开始结出绿色椭圆形的果实，里面通常有两粒种子，果肉松软，含有丰富的水分和糖分。

　　咖啡从种子发芽、长成幼树，到开花结果，大约需要 4 年的时间。果实逐渐长大，颜色也随之变化，由绿转黄而变红，等到呈深红色时，代表已经完全成熟，其红艳浑圆的果实和樱桃极为相似，因此有"咖啡樱桃"之称。

咖啡果实剖面
初生的咖啡果实是绿色的，成熟后会转变为红色，被称为"咖啡樱桃"，此时便可以采摘了。

内果皮

种仁

种皮

果肉

外果皮

果柄

咖啡的采收期依地区略有不同，有些地方是一年采收一次，有些则是一年采收两次，甚至也有全年都可进行采收的。一颗颗红、黄、绿相间的小小咖啡果实会成串生长，采收起来很费工夫——人工采收可以——将红透成熟的咖啡果采摘下来；如果是利用机械大量采收时，红的、绿的果实会一并被采摘下来，之后得将尚未成熟的果实挑出来，因为未成熟的咖啡果实无法烘焙成咖啡豆。一棵健康的咖啡树一季大概能产出 1~5 千克的咖啡果

因为咖啡果实成熟时间不尽相同，绿、黄、红不同成熟度的咖啡果实簇拥在同一枝上，增加了采收的难度。

实。大约 5 千克的果实能制成 1 千克的咖啡豆。一般我们所看到的"咖啡豆"是去除果肉后剩下的种子。现在市场上流通的咖啡豆多以其产地来命名，如巴西咖啡、哥斯达黎加咖啡、哥伦比亚咖啡等。

　　咖啡的品种繁多，用作商品咖啡的仅有大果咖啡、中果咖啡、小果咖啡等几种。备受消费者喜爱的是属于小果咖啡的阿拉比卡品种和中果咖啡的罗布斯塔品种。阿拉比卡种咖啡每簇 10~20 颗果实，制成咖啡豆后含油量大约 15％，高含油量让生豆的触感光滑，咖啡因大约占 0.8％ ~1.4％。罗布斯塔种咖啡每簇有 40~50 颗果实，含油量大约 10％，低含油量使其做成浓缩咖啡时表面会有一层浓厚稳定的咖啡脂，咖啡因占1.7％ ~4％。因为咖啡因含量高，罗布斯塔种咖啡较能耐受湿热气候的疾病、昆虫、菌类的侵害，却也因此而甜度较低，所以口感相对于阿拉比卡咖啡较为苦涩，但余韵绵长。

咖啡生豆变身香醇咖啡

　　一颗颗咖啡豆必须经过去皮、干燥、烘焙、研磨、冲煮等复杂的过程，才能变身为香醇的咖啡。咖啡的果实在完全成熟时最为甘甜，因此最好在采收后数小时内加以处理，才能确保其风味。处理时机和方法得宜是造就一杯好咖啡的起点，若是过程中稍有不慎，悉心照顾的咖啡可能就毁于一旦，因此每个步骤都要谨慎小心。

去皮、干燥

"今天太阳正炽热，赶快把采收下来的豆子摊平，好好晒一下。"孩子跟小南耳提面命地交代着。

"没问题，希望今年的豆子可以有让人赞不绝口的风味啊！"爱喝咖啡的小南手不停歇地将咖啡豆摊平在晒场上。

日晒去皮法
将成熟的咖啡果实直接摊在地上，等水分蒸发干燥后，再去除果皮、果肉，剩下就是咖啡生豆。

刚采收下来的咖啡樱桃要除去内外果皮、果肉和种皮，最后留下的种仁才是咖啡生豆。去皮的方法因产区、土壤、气候、人力等因素而有所差异，常用的有日晒法、水洗法。

日晒法是最传统的取得咖啡生豆的方法，日晒充足的咖啡产区大都采用这个方法来进行第一步加工。咖啡果实采收下来后，要摊在晒场上晒3~4周。为了将咖啡豆晒均匀，每天要翻动数次，是相当辛苦的工作。晒干后，咖啡果核与外皮会裂开，这时再使用脱壳机脱去果肉、果皮，经过筛检、分类后就算大功告成。日晒法得到的生豆因为吸收了果肉和阳光精华，本身的甜度、醇厚度更为饱满，口感层次很丰富。不过日晒豆比较容易发霉及长虫，外观上易有缺损。

水洗法是18世纪时荷兰人发明的，多雨或水资源丰富的咖啡产区多采用这个方法将咖啡樱桃加工成生豆。先以大量的水将浮在水面上未成熟的果实、杂质等冲洗干净，再用脱肉机脱去果肉、果皮，然后利用发酵的方式去掉种仁表面的果胶，再经过水洗、日晒、机器干燥、脱壳等步骤才算完成。水洗法处理过的咖啡豆因为果肉附着的时间比较短，味道比较干净且偏酸性；水洗时先淘汰了一些不良豆与杂质，所以大小比较均匀。

此外，半日晒、蜜处理法等加工方法也常见于中南美洲，其方式都是先水洗后再接续其他的处理方法，让生豆的含水率降至一定比例后便运至仓库静置。这几种加工法的共同特色就是咖啡豆的香气平和、甜味充足且口感温和，但仍保留一定的复杂层次。目前也有人利用生物酶将咖啡浆果的皮、肉和果胶分解为汁液，使咖啡种仁浸泡在高浓度的浆果汁液中，得以吸收养分和丰富的果香。这种全浆果处理法和传统水洗法相比，浸泡在咖啡汁液中的种子香味更浓，口感更厚重，也可以避免因日晒或不当干燥而残存各种因过度发酵而产生的瑕疵味道。

水洗去皮法
将咖啡果实放入大水槽中浸泡，用木刷来回搓动，使种子和果肉、果皮分离。浸水的种子会发酵，因此使用这种处理方式的咖啡生豆会带点酸味。

烘焙

"这杯黑咖啡太酸了，我一点都不喜欢这种口感。"孩子皱着眉头抱怨。

"这是浅焙的咖啡，所以口感偏酸。你以后可以试试中焙或深焙的咖啡，苦味较强，后韵会回甘，做成拿铁咖啡也很好喝哟！"爱喝咖啡的小南给了小图很好的建议。

干燥后的咖啡生豆还不能冲泡出可口的咖啡，需要经过烘焙的过程，才可以拿来研磨成粉，冲泡成饮料。烘焙可以用大锅人工翻炒，也可以用烘焙机来炒。咖啡豆烘焙的时间和温度变化会导致其颜色和风味发生不同程度的变化。

在烘焙过程中，生豆原本所含的 250 种挥发性芳香物质会增至 800 多种，使得咖啡更加芳香迷人。依照烘焙程度不同，咖啡豆可以分为浅焙、中焙、深焙三类，烘焙越久颜色越深，苦味也越重，香味也各有特色。

烘焙完成的咖啡豆经过调整、包装后，销售到世界各地。正式冲煮咖啡前，要将咖啡豆研磨成粉，最好是冲泡前再进行研磨，这样能最大限度地发挥咖啡的风味。

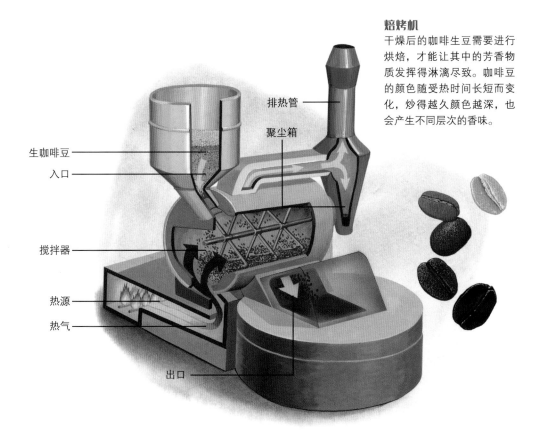

焙烤机
干燥后的咖啡生豆需要进行烘焙，才能让其中的芳香物质发挥得淋漓尽致。咖啡豆的颜色随受热时间长短而变化，炒得越久颜色越深，也会产生不同层次的香味。

排热管

聚尘箱

生咖啡豆

入口

搅拌器

热源

热气

出口

研磨

研磨咖啡豆的方式有很多种。早期没有机器，人们会用石臼将咖啡豆慢慢粉碎研磨成粗颗粒后，再来冲煮。现代有专用的磨豆机，不论是手动或是电动，都能将咖啡豆研磨成适合的粗细大小。一般来说，咖啡粉与热水接触的时间长的话，需要研磨得粗一点的颗粒。过细的咖啡粉煮出来的咖啡会有苦涩味，若研磨过粗则无法煮出咖啡的风味。咖啡粉的粗细必须恰到好处，再搭配以合适的冲泡方法，才能够萃取出咖啡的最佳风味。

电动磨豆机
可以设定咖啡豆研磨的粗细，使用起来既方便又快速。

石臼研磨咖啡豆
这是非常传统的磨豆方式。

手动磨豆机
由手转动摇杆带动机器中的磨刀将咖啡豆磨碎，通常会有刻度旋钮来调整研磨出来的咖啡粉粗细。

五花八门的冲泡壶

将研磨成颗粒大小适中的咖啡粉用热开水冲泡后所得的咖啡，其实就是从咖啡豆溶出来的物质，包括咖啡因、香味物质、鞣酸、糖类、脂肪、蛋白质等。人类喝咖啡的历史已经将近千年，冲煮咖啡的方式更是五花八门，让我们一起来认识一下常见的咖啡壶吧！

虹吸式咖啡壶

利用水受热后的压力变化来烹煮咖啡的虹吸式咖啡壶，是比较需要操作经验的。虹吸式咖啡壶为类似葫芦状的玻璃壶，上半部分和下半部分可以拆解，上壶放置咖啡粉、下壶注入开水，中间有滤布隔开。煮咖啡时，先以酒精灯加热下壶，水开始滚沸时透过导管进入上壶和咖啡粉混合。萃取结束后，移开酒精灯，温度下降后咖啡就会透过滤布再回到下壶，而咖啡渣就被留在上壶之中，此时就可以将咖啡倒出饮用。虹吸式咖啡壶在日本很受欢迎，虽然冲煮咖啡颇为费时，

虹吸式咖啡壶
利用水煮沸后体积、压力会变大的原理，使沸水上升到装有咖啡粉的上壶，煮到适当时间后，将酒精灯移开，当温度稍微下降，咖啡液便会回流至下壶内。

但看着热水上升、咖啡下降的过程，也好像看了一场咖啡的华丽演出。

意式浓缩咖啡机

常见的浓缩咖啡机由意大利人发明，单机就能完成从研磨到煮咖啡的过程，因

此多为现代咖啡店普遍使用。其原理是利用高压萃取的方式，让 88~95℃ 的沸水在 22~27 秒之间通过咖啡粉，进而萃取出大约 30 毫升的浓缩咖啡，装在很小的杯子里，因此香气特别浓郁。浓缩咖啡机煮出来的咖啡比其他方法煮出来的咖啡更醇厚，咖啡表层漂浮着一层如奶油般质地光滑的咖啡脂。虽然高压萃取可以溶解出较多化学物质，但因为热水与咖啡粉的接触时间很短，所以浓缩咖啡的咖啡因反而比较低。也因其浓度高，常用来调制拿铁、卡布奇诺、摩卡等不同口味的咖啡，当然也有人喜欢直接品味浓缩咖啡的强烈口感。

意式浓缩咖啡机
冲泡意式浓缩咖啡时，先将咖啡粉压紧在咖啡粉槽中，利用加压过的热水快速流经压紧的咖啡粉，可以萃取出口感厚重的浓缩咖啡。

滴滤式咖啡杯

20 世纪初期，德国家庭主妇梅丽塔夫人很喜欢喝现煮的咖啡，不过却常为咖啡粉末沾在齿缝间而烦恼，因此一直试图找到一种过滤咖啡的方法。当时人们大都使用布料滤袋来过滤咖啡，但一来清洗麻烦，二来残留在布料纤维间的咖啡渣也会破坏新冲泡好的咖啡的风味。有一天梅丽塔灵机一动，在铜碗底部敲破一个小洞，然后把儿子书包中包午餐用的吸墨纸放在上面，放好咖啡粉后开始注入热水，香醇的咖啡透过吸墨纸，一小滴一小滴地滴入咖啡壶中。就这样，既能滤渣又能保留咖啡香醇的手冲滴滤式咖啡滤杯正式问世。又因为咖啡渣可以随着滤纸一并丢掉，可以说是一种既洁净又轻松的冲泡方法。

1908 年，梅丽塔夫人将她的发明申请了专利，同时成立公司开始贩卖这种底部为拱形且穿了一个出水孔的铜质咖啡滤杯。这是世界上第一个滴滤式咖啡杯，她的先生与儿子成为这家公司的第一批员工。

美式咖啡机

美式咖啡机是运用相同的原理开发出来的煮咖啡机器。只要将研磨好的咖啡粉放在装有滤纸或金属过滤器的咖啡槽中，再将冷水倒入储水槽，启动电源开关后，冷水会慢慢加热到 90℃，然后热水流经咖啡槽，萃取完成的咖啡滴入咖啡壶后，便可享用香醇的咖啡。

滴滤式咖啡壶
将咖啡粉倒入放有过滤纸的滤杯中，用细口径的手冲咖啡壶滴入沸水，咖啡液会由杯下小孔渗出，与残渣分离。

法式滤压壶

法式滤压壶是由圆形玻璃杯和金属滤网组成的咖啡烹煮工具，属于浸泡式冲煮咖啡法。使用方式是把研磨好的咖啡粉末放入壶内，再注入90℃左右的热水，然后将带有滤网的盖子盖上，静置 4~5 分钟后，按下手柄让滤网将咖啡粉末推向咖啡壶底部便完成冲泡。静置两分钟左右，等杂质沉淀后就可以倒出咖啡品尝。除了泡咖啡外，滤压壶也可以作为冲泡茶叶、花茶等的容器。

法式滤压壶
由意大利设计家帕尼尼·雨果发明，1929 年由安提利欧·卡利马里与利奥·莫奈塔申请了专利。

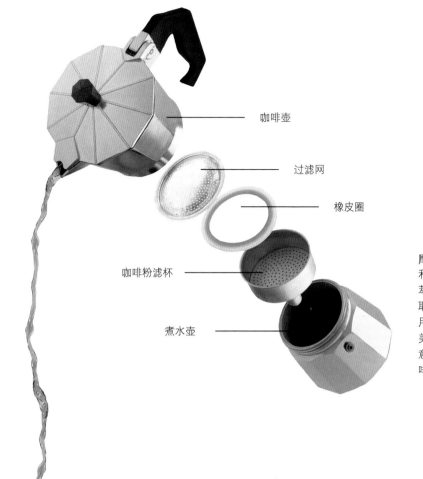

咖啡壶

过滤网

橡皮圈

咖啡粉滤杯

煮水壶

摩卡壶
利用蒸汽加压的方式来
萃取出咖啡精华。因萃
取时间很短暂，摩卡壶
用的咖啡粉要研磨得较
美式咖啡细，但略粗于
意式咖啡，煮出来的咖
啡比一般滴滤咖啡浓。

摩卡壶

　　摩卡壶由爱喝咖啡的意大利工业设计师阿方索·比乐蒂发明。他曾到法国留学，并在法国制铝工业工作了几年。阿方索回到家乡创立了生产各式铝制品的公司，后来开始研究设计各种家用的咖啡制造机具。当时的洗衣机中间有金属管，将加热后的肥皂水从底部吸上来再喷到衣服上，阿方索从这里得到灵感，于1933年研发出摩卡壶，这是世界第一个利用蒸汽压力萃取咖啡的家用咖啡壶。摩卡壶以铝或不锈钢制成，分为上下两部分，中间以导管连通，壶身有一个压力过大时会自动泄压的泄压阀。摩卡壶的下壶盛水，中间有一个盛装咖啡粉的滤杯。当咖啡壶底部被加热至沸腾后，水蒸气通过滤杯中的咖啡粉后，咖啡便慢慢通过导管流入上壶之中，等到咖啡开始冒泡时，关掉火源便可以将咖啡倒出饮用。

第四章

让生活充满情趣的茶

传说中，中国远古时期的神农氏不但教会人们利用工具、从事农耕，同时还遍尝百草，教人们如何利用药草的特性。他无意中发现茶树的叶子具有提神解毒的作用，便把"茶"也作为草药之一。到汉朝时，茶渐渐变成日常生活中的饮料，但因产量有限，只有王公贵族才有资格享用，跟现在人们随时可以喝茶的情况大不相同。

中国茶文化源远流长

中国最早并没有"茶"这个字，而是称为"荼"。荼字最早的意思是指滋养身体的食品或草药。中国的老祖先很早就知道喝茶能止渴消食、除痰少睡、明目益思、除烦去腻等。据现代科学分析，茶叶中含有咖啡因、儿茶素、矿物质和维生素等各种成分，不但可以提神醒脑、消除疲劳，对人体健康也有帮助！

对中国人来说,茶有着特殊的魅力。从周朝起,巴蜀地区就开始人工种植茶树,此时,茶脱离了药用范围,被用来煮食,当作汤品饮用。秦国受蜀地影响,开始喝茶,而秦统一天下后,饮茶习俗便随之流传。到了汉朝,四川王褒《僮约》中有两处提到"茶",即"脍鱼炰鳖,烹茶尽具"和"武阳买茶,杨氏担荷",可知此时已经有了完整的烹茶器具,茶已被当作商品来交易。到西汉末年,茶已成为皇室和贵族阶层的高级饮料。

魏晋南北朝时,佛教在中国渐渐流传,佛门弟子不仅将喝茶当成坐禅时的专用食物,还将喝茶当作参悟佛法的特殊途径,几乎每座寺院都种茶,对于茶的推广有重要的贡献。在张揖《广雅》中提到:"荆巴间,采叶作饼,叶老者,饼成以米膏出之。欲煮茗饮,先炙令赤色,捣末置瓷器中,以汤浇覆之,用葱、姜、橘子芼之。其饮醒酒,令人不眠。"此时已出现紧压的茶饼了,而这时候的茶称为"茶粥"。魏晋时将茶的鲜叶采来煮食,连汤带菜一起吃,还要加上米、油、盐,甚至加姜、葱、椒、桂、红枣、橘皮、茱萸、薄荷等佐料调味!

陆羽《茶经》三卷流传千年

隋唐之后,茶文化就已朝野普及,从上流社会延伸到平民。喜欢喝茶的文人也很多,著名诗人白居易、陆游都爱喝茶,还为茶作了许多的诗和画。他们认为茶是一种淡泊清净的饮料,令人神清气爽,茶

隋唐之后,茶成为文人生活品位的象征,茶的烹煮也开始讲究。

叶的清香如同君子的品德一样。唐代陆羽写了一部长达 7000 多字的《茶经》,把茶与

- 植物通识课
- 快乐游乐场
- 奇趣大百科

抖音扫码

写给孩子的

植物发现之旅——饮料

《茶经》
《茶经》是中国第一本关于茶的专著，作者是唐代的陆羽。

文化结合在一起，这是世界上第一部茶的专著，饮茶、茶道开始成为独特的学问。有人形容陆羽出现之前，中国的茶喝起来就像喝蔬菜汤，而经过陆羽走访各地，仔细分辨各种不同的茶树和茶叶制造方法，以及喝茶的器具、煮茶的方法，最后归纳出各种泡茶的方法与心得，不但完成《茶经》这本专著，也将饮茶塑造成一种精致的艺术文化。

陆羽的《茶经》将茶分粗茶、散茶、末茶、饼茶，都要先把茶叶烤干，磨成碎茶末再煮。煮茶的水要先放盐，最多三沸，这叫"煎茶法"。煎茶的口味不像茶粥那么重，也讲究茶的本味和茶面的泡沫，入口虽苦但会有回甘。

开门七件事之一

不只文人爱喝茶，连宋徽宗也是有名的爱茶人士。他还著有《大观茶论》，对于茶叶的产地、采摘、鉴辨等都有非常独到的见解。其中对七汤点茶法有一段描写："量茶受汤，调和融胶。环注盏畔，勿使侵茶。势不欲猛，先须搅动茶膏，渐加周拂。手轻筅重，指绕腕旋，上下透彻，如酵蘖之起面。疏星皎月，灿然而生，则茶之根本矣。

第二汤自茶面注之……周回旋而不动，谓之咬盏。宜匀其轻清浮合者饮之。"相当精彩！

茶在宋朝时成为上流阶层炫耀的工具。当新茶上市时，朋友便相约"斗茶"，大家带着自己的茶饼，用复杂的程序冲泡后，比赛茶的香气与味道。这种喝茶的方式称为点茶法，要先倒点水把茶末搅和均匀，接着再加入沸水，同时要不停地搅拌，搅到水和粉末完全合一，表面还会泛起一层细密的泡沫，茶就"点"好了。

这碗茶可不像我们现今喝的茶一样清澈透明。宋朝的"好茶"讲究的是颜色乳白、味道甘香，一点也尝不出茶叶的清苦才好。为了达到这些标准，宋人制茶除了反复榨干茶叶的汁水，直到绿叶变成白色，之后还要把白茶细磨成有点粘手的茶粉，最后压制成茶饼、茶团，等喝的时候捣成块、重新碾碎，过箩筛，再浇水来喝。

茶团从宋朝流行到元朝。元朝时，民间喝茶"预算"不足，改喝散茶，茶饼主要为皇室宫廷所用。而到了明朝，太祖朱元璋不愿人民再劳神费力制作上贡团茶，下令停止龙团制作："罢造龙团，惟采芽茶以进。"这一道圣旨上到官僚，下到百姓，让饮茶风气改头换面，转变为现在仍通用的沏泡法，喝茶逐渐变成民间生活的一部分。茶名列"柴、米、油、盐、酱、醋、茶"这开门七件事之中，可见其已成为生活中不可或缺的重要物品。一直到现代，泡沫绿茶、珍珠奶茶等各种不同形态的茶饮陆续出现，滋味变化万千，让人们的生活充满不同的情趣。

明太祖朱元璋下令停止龙团制作，饮茶风气改头换面，后来用现在通用的沏泡法，喝茶逐渐变成民间生活的一部分。

宋朝的"星巴克"——茶馆

"军师,军中的箭不够用了,能否请您快快督工,在十天内造好十万支箭?"

"不用十天,"诸葛亮拍着胸脯打包票,"三天就能完成十万支箭。"

诸葛亮接令后,过了一两天完全没有行动,周瑜心想三天一到,就要治诸葛亮违抗军令之罪。

没想到第三天夜里,诸葛亮率领船队往江心驶去……茶馆中的客官们一边喝茶,一边聚精会神地听说书人滔滔不绝地说《三国演义》里面"草船借箭"的段子。

中国宋朝的茶馆已经非常兴盛,又有茶肆、茶坊、茶楼等不同名称。茶馆内有的摆设奇花异草,有时还有歌姬表演、说书人说书,或按不同季节贩卖应时茶汤,主要是增添人们喝茶时的乐趣。宋人去茶馆是日常生活中的活动之一,尤其是在京城汴梁(今河南省开封市),只要人潮聚集处就有人开设茶馆。宋代的商店可以营业到夜晚,因此一到傍晚时分,茶馆的人潮更是络绎不绝。到了清代,茶馆是北京城的一大特色,老舍先生的《茶馆》演活了茶馆里的众生百相。

最早中国人喝的应该是没有发酵过的绿茶,有提神醒脑的功效,不过因为具有刺激性,一次不能喝太多;现在半发酵、有香气、刺激性较低的乌龙茶更受中国人青睐。中国人喝茶的习惯很早就传到日本和韩国,所以日本和韩国传统的茶饮也以绿茶为主。

《清明上河图》中的茶馆
《清明上河图》是北宋画家张择端所作,描绘了北宋京城汴梁及汴河两岸繁华、热闹的景象和优美的自然风光。画中齐集汴梁的各种商业设施中,就已经有茶馆的存在了。
图片来源:台北故宫博物院

中国的品茶与茶艺发展甚早，煮茶、煎茶、点茶、泡茶等流派很多，其中有一种"工夫茶"后来更是影响到我国香港地区，甚至包括东南亚地区的喝茶方式。

工夫茶大约起源于宋代，在广东、福建一带相当流行。所谓的"工夫"指的是泡茶时对沏茶方法、手艺、茶具都要相当讲究，泡茶的步骤

工夫茶的茶具一般比较小巧，包括火炉、茶壶、茶盘、茶洗、茶巾、茶杯等数十样。

"柴、米、油、盐、酱、醋、茶"是一句中国谚语，说的是一个家庭每天要顺利运转，就无法离开这七件家庭日常生活的必需品。

大概分为冲水、洗茶、冲茶等步骤。第一冲通常不会饮用，而是作为洗杯之用；第二次冲泡后，讲究者会先斟入较高的闻香杯，细闻茶汤的清香后才倒入比较矮的饮用杯，举杯细细品味茶汤的芳香与喉韵。之后茶叶可以连续冲泡数次，不同茶叶的冲泡次数不尽相同，等到茶汤味道变淡之后，便更换茶叶重新冲泡。虽然泡工夫茶步骤不少，但不难上手，比较困难的是理解每种茶叶的特性。让各种茶叶都能冲泡出最佳风味，就需要靠经验累积了。

茶马古道上的热销品

茶在中国古代就已经是重要的贸易商品，茶马古道是可与丝路媲美的中国古代商业路网，大约形成于西汉时期。茶马古道起自中国四川，途经中国西南部的横断山区与青藏高原之间的大小城镇，最终到达中国西藏及东南亚等地。利用这条道路运输的货物以茶叶、马匹为主，还有丝绸、瓷器等。因为中国西南部气候温暖湿润，非常适合茶树生长，为了储藏或运输方便，制作茶叶时通常是以压制的方式制作茶饼。反观西藏高原地区的牧民们，受限于环境，日常饮食大多以肉食为主，较缺乏蔬菜。自古以来利用茶马古道运送茶叶就是一门好买卖，因为牧民们非常需要通过喝茶来补充人体必需的维生素。

"亲爱的克拉拉，欢迎你来到糖果王国，请让我们为你献上来自各国的舞蹈。"胡桃夹子王子优雅地说着。

对西方人来说，中国是茶的故乡，除了制茶、喝茶之外，中国独特的茶文化也让西方国家向往。在柴可夫斯基著名的芭蕾舞剧《胡桃夹子》中，胡桃夹子王子带着小女孩克拉拉来到糖果王国。糖果仙子们就以来自世界各地的舞蹈演出欢迎她，轮番上场的有西班牙的巧克力之舞、阿拉伯的咖啡之舞、中国的茶舞、俄罗斯的糖果拐杖之舞等。可见在 19 世纪末叶西方人的印象中，茶是中国最具代表性的物品之一。

四川运茶人
这张典藏在美国哈佛大学的照片为英国植物采集学家威尔逊于 1908 年所拍摄。两个男子肩背着数量庞大的砖茶准备踏上茶马古道。
图片来源：ralph repo - Flickr: Men Laden With Tea, Sichuan Sheng/wiki

茶叶的世界旅程

中国是最早喝茶的民族，起源于何时目前仍不可考。唐代陆羽在《茶经》中有"茶之为饮，发乎神农氏"这样的记载，因此一般都认为中国人以茶为饮料是从神农氏开始的。在民间传说中，神农氏在茶树下休息，烧水准备饮用时，结果有几片茶树的叶子恰好飘落在开水中。神农氏喝了以后，发现水多了一股清香滋味，喝完后

一般认为中国以茶为饮料是从神农氏开始的。

神清气爽、疲劳全消，他便教导人们以喝茶来达到提神醒脑的效果。在古籍《神农百草经》中也有神农氏尝百草中毒后，利用喝茶来解毒的记载，因此茶在中国的传统思维中便具有清热解毒的功效。

茶树喜欢温暖湿润的环境，据推测发源于中国的四川、云南一带。人们最早的喝茶方法是把未经加工的茶叶直接煮水来喝；三国时代已经会将采下来的茶叶晒干或烘干，制作成茶饼以利保存，经过干燥处理的茶叶泡成茶汤后滋味更显甘美。中国人喝茶的文化随着宗教、贸易、战争等各种方式传到东亚的韩国和日本。

传入日韩的"茶道"

韩国在7世纪时已经有茶叶，在新罗王朝、朝鲜王朝时代发展出内涵丰富的茶礼仪式。茶叶由遣唐使传入日本后，9世纪初，茶树种子则由日本佛教天台宗的开创者最澄从中国携回日本，在比睿山开始栽种，从而在日本发展出特有的"茶道"文化——品茶，泡茶一方和品茶一方分向对坐，各自按照相应的礼节进行。茶道所使用的茶主要是抹茶，要准备的道具繁多，如煮水用的炉、装茶用的茶罐、饮茶用的茶碗、装饰用的挂物及花器等。

最澄
传说最澄是最早把茶树种子带回到日本的人。

"茶室的门为何改得这么小？"幕府将军丰臣秀吉诧异地问了问身边的人。

"报告将军，这是千利休擅自做了这样的更改。"

在日本，专为茶道所建的空间称为茶室，大小有固定规制，最早的门是日式拉门。有一次，日本战国时代非常著名的茶道宗师千利休搭船时，看到人们出入船舱的门都需要弯着腰，他突然灵机一动，把小门的概念也运用于茶室。如此一改，任何身份地位的人要进入茶室，都必须低首屈膝。而武士惯常佩戴的长刀更因尺寸的关系，佩戴着就进不了茶室，要到茶室品茶只能将长刀卸下放在外面的刀挂处。千利休改动门的大小，想要借此表达：只要进到茶室中，人人皆平等，也象征着茶室内的和平，将世俗纷扰隔绝在外。

日本的茶与茶叶从中国引进，后来发展为日本民族特有的"茶道文化"，泡茶与喝茶都要遵守一定的礼仪与顺序。

千利休
日本著名的茶道宗师，提出了"和、敬、清、寂"的茶道思想。

抹茶是指碾磨成微细粉末状的绿茶，这种以碾磨处理茶叶的方式大概起源于中国隋朝时期，后来传入日本，被日本人民所接受并推崇，发展成为现在的日本茶道。冲泡抹茶的基本方法是先把茶碗连同茶筅一起用开水烫过，在茶碗中放入 2 克抹茶，再加入少量的水，把抹茶调成膏状，以防止细腻的抹茶纠结成团；然后再加入约 60 毫升的水，用茶筅按照川字形的轨迹贴着碗底前后刷搅，作用在于拌入大量的空气，形成浓厚的泡沫，这样便制作完成一碗口感浓郁的抹茶。

传到俄国

17 世纪左右，因为俄国沙皇通过使节赠礼给蒙古可汗，可汗的回礼中包括了茶叶，于是俄国贵族圈开始兴起喝茶的文化，茶叶也成为中俄间重要的贸易商品。俄国人通常用金属制成的"茶炊"来煮茶。茶炊的外形像个小锅炉，中间装填木炭生火，外圈是盛装白开水的环形容器，上方的茶壶则作为煮浓茶之用。茶煮好后可以

利用茶炊煮茶、喝茶是俄国独特的喝茶方式。

植物通识课
快乐游乐场
奇趣大百科

抖音扫码

第四章

让生活充满情趣的茶

打开水龙头，利用容器内的沸水将浓茶冲淡，调整成个人喜欢的浓度，加糖、柠檬汁就是一杯香甜顺口的柠檬茶。因为俄国常年寒冷，几乎家家户户都有这种可以随时提供热茶水的设备。

传入欧洲

茶叶传入欧洲大约是在 17 世纪，当时的海上强国荷兰、葡萄牙在中国沿海进行海上贸易，主要商品有丝绸、瓷器、香料等，不久茶叶也成为东西方贸易商品之一。

东方的茶叶传入欧洲后，欧洲人开始迷上喝茶，尤其是英国人。英国本土没有茶树，因此英国人一直没有喝茶的习惯。直到 1662 年，葡萄牙的凯瑟琳公主嫁给英国国王查理二世，她从葡萄牙引入许多英国本土所没有的东西，例如蔗糖、瓷器与棉花等。凯瑟琳很喜欢喝茶，所以也带了茶叶到英国。在当时，红茶被认为是治病的万能药，而在红茶中加入方糖一起饮用是一种非常奢侈的行为。凯瑟琳喝茶时，还会邀请其他贵族小姐、夫人一起品尝，饮茶风气也就在英国贵族间流行起来，后来连平民百姓也开始学着喝茶。此后，喝茶成为英国人生活中很重要的一部分，也发展出特别的茶文化。

查理二世与凯瑟琳公主
英国国王查理二世和葡萄牙的凯瑟琳公主的联姻促成茶饮在英国开始流行。

英国人习惯喝的茶是红茶，最早的茶叶是来自中国福建武夷山的红茶。中国在宋代时已经有一种很像是红茶的发酵茶，大约到明代后期，福建武夷山的正山小种红茶正式问世，成为红茶鼻祖。这种口味的茶很快在亚洲地区传遍开来，也由荷兰人将其传入欧洲。

茶与鸦片战争

英国人爱上了喝茶，从皇家贵族到平民百姓无一例外。据统计，当时全英国约有 2/3 的家庭都有喝茶的习惯，如此庞大的茶叶需求量成了政府及商人们眼中的大好商机。

英国本土原来并无茶树种植，茶叶只能从中国买进。而当时英国生产的纺织品或其他物品却得不到中国人的青睐，无法以货换货进行交易，只能掏银子来购买。

到了18世纪中叶，英国控制了印度，也就是当时世界上最大的罂粟种植地。英国东印度公司在政府的保护下，在印度种植罂粟制造成鸦片，将鸦片卖到中国，收入则用来买茶叶再运回英国销售。虽然买卖鸦片在中国是被明文禁止的，但这非法的鸦片贸易仍然相当成功。从1820年至1840年鸦片战争发生前的20年间，进口至中国的鸦片几乎增长了10倍。到了1830年，中国吸食鸦片者已达300万人。英国政府每年的税收约有1/10来自茶叶的进口

19世纪初期在广州的茶叶工厂仓库，戴着白色头巾的欧洲人正在监督搬运茶叶的工人。
（图片来源：大英图书馆）

关税和贩卖税，茶叶的买卖可以说是英国财政的重要支柱。原本运作顺畅的双边贸易在19世纪中叶发生变化，因为输入中国的鸦片日益增加，而中国出口的茶叶、丝织品等商品却无法抵销鸦片烟的价钱，终于造成中国白银外流、国穷民困的窘境。在清廷

中英鸦片战争
鸦片战争发生于1840~1842年。中国战败后，双方签订了《南京条约》这一中国近代史上第一个不平等条约，此后开启了西方列强侵华的一连串战事。

与林则徐强力禁烟的政策下，英方恼羞成怒，悍然发动了鸦片战争。

除了向中国购买茶叶，英国也一直尝试在印度生产茶叶。印度阿萨姆邦的原生茶尽管外观和中国茶叶相似，但却无法像中国茶一样好喝，因此英国东印度公司觉得唯有找到好的茶树种子、了解中国制茶的知识与加工技术，才能把印度茶改良成好喝的茶，也才能运回欧洲销售。1842年，在英国皇家园艺学会工作的罗伯特·福钧便被派到中国从事植物采集的工作，其中最重要的就是

华德博士发现在密闭的玻璃容器里生长的植物可以存活比较长的时间，他所发明的华德箱（Ward Case）让福钧得以从中国成功运出许多茶树幼苗。

大吉岭红茶

大吉岭红茶出产于印度北部喜马拉雅山麓的大吉岭高原，是一款口味雅致并带有浓厚麝香葡萄和香槟香气的红茶，涩味强烈、茶色淡薄，适合单独饮用。

要搜罗各种茶树。

福钧剃光头发、装上假的发辫伪装成中国人，来到安徽、福建的茶叶产区，采集各种茶树的种子与幼苗，探查茶园的环境、设施，以及茶叶加工的特

殊技术。为了把优良的品种运送到印度，福钧历经多次尝试，最终找到将茶树种子装在华德箱运送的"种子移植法"。这种方法比直接运送茶树幼苗的成功概率高出10倍以上。因为福钧违反中国法律，想方设法偷偷将茶树引进印度，才让阿萨姆、大吉岭等地的茶树可以利用中国茶树进行品种改良，最终加工制成质量优越的红茶，也造就了英国独特的红茶文化。

福钧
苏格兰植物学家，将优良的茶树品种由中国引入印度。

讲究的英式下午茶

英国人喜欢喝的茶主要是红茶系列，有些还会加入水果或花瓣，著名的格雷伯爵茶就是加入柑橘类香料来增加香味的。除了印度，英国在斯里兰卡、毛里求斯、肯尼亚等殖民地也开辟了广大的茶园种植茶树，印度至今仍是世界上最主要的茶叶生产国之一。

英国茶以茶叶叶大小区分为大叶种与小叶种。印度阿萨姆红茶属于大叶种红茶，茶叶的角质层薄、抗寒力弱，茶汤颜色偏深褐色，味道浓郁；印度大吉岭红茶则属于小叶种红茶，茶叶的角质层厚、抗寒抗旱力强，茶汤颜色较浅，带有浓厚的果香味。英国茶的冲泡法与中国茶截然不同。中国茶通常会回冲数次，英国茶只会用热水焖煮冲泡一次，之后就将茶叶滤掉不用。在英国，喝茶是一件十分讲究的事，会搭配使用各种精致的瓷器茶具，喜欢在茶里加入砂糖、牛奶、柠檬片来增加风味。这种喝茶的习惯又延伸出英式下午茶文化。最早的下午茶相传源自 19 世纪中叶，有位贝德芙公爵夫人在下午时常常觉得很无聊，想方法找些有趣的事来排遣。

"好无聊啊，不知道下午可以做些什么事？"贝德芙公爵夫人喃喃自语。

"肚子有些饿了，请帮我准备一些吐司、奶油和红茶，晚餐前先喝点茶、吃点东西也好。"

英式下午茶的主角除了茶以外，还会再搭配一些小点心。正式的下午茶点心会放在三层的点心架上，底层是各种口味的三明治，中间层是英国的传统点心司康饼，最上层是小蛋糕和水果塔。享用这些点心时，习惯的顺序是从下往上、由咸至甜、由淡到浓。盘子上除了这些必备的点心外，主人有时也会准备牛角面包、葡萄干、鱼子酱等，以满足宾客的不同需求。

当时英国上流社会的晚餐通常都要穿着正式礼服，还必须遵守各种繁文缛节。对贵妇而言，有时往往会忙于交际应酬而无法好好用餐。一天，距离晚餐还有段时间，贝德芙公爵夫人百无聊赖之

格雷伯爵茶

格雷伯爵茶简称伯爵茶，由唐宁商店研发制作，以中国的祁门红茶或正山小种为基底，搭配锡兰红茶、柑橘类香料所制成的一种调味茶，因为19世纪初英国首相格雷二世伯爵相当喜爱，便以其名来命名。时至今日，伯爵茶成为各种加入柑橘类香料茶叶的总称。

图片来源：Casimiro PT/Shutterstock.com

唐宁商店

1706年，唐宁商店的创办人托马斯·唐宁在伦敦河岸街开设第一家茶馆，至今仍在营业。该店销售各种来自不同地区、各具风味的茶叶制品，还有咖啡、巧克力饮料等。唐宁茶在1837年获得英国维多利亚女王认证为皇家御用茶，近代也获得女王伊丽莎白二世颁授为皇室御用。

图片来源：
spatuletail/Shutterstock.com

余，吩咐侍女准备茶、点心充饥；后来公爵夫人常常在原本无聊的午后时光，邀请几位知心好友到家中喝茶、享用点心，结果这种不需要特意打扮、自在喝茶谈心的交际方式在贵族社交圈开始流行，延续到今天就形成一种优雅的下午茶文化。正式的英式下午茶一般在下午三点半到四点半进行，饮用的红茶大多为产自印度的大吉岭红茶和斯里兰卡的锡兰红茶、伯爵茶，茶汤中除了加糖之外，还会搭配牛奶或切成薄片的柠檬。除了喝茶外，真正的重头戏是品尝那些摆在精致的三层瓷盘上的蛋糕、三明治等小点心。

由茶引发美国独立运动

茶叶一直是全球重要的贸易商品之一，就连远在大西洋另一端的北美洲的英法殖民地，也因茶叶的大量需求而导致一连串的抗争事件，最后竟催生出一个国家——美国。

英国在18世纪初时，规定北美殖民地只能通过东印度公司进口中国的茶叶。但茶

叶的进口税高达 25％，导致走私茶叶泛滥。为抑制走私，英国政府改为直接向殖民地征税，让殖民地民众非常不满。后来经过抗议，大多的税被废除，仅剩下每磅三便士的茶叶税被保留下来。

1773 年，英国颁布《茶税法》（*Tea Act*），让东印度公司可以直接到北美殖民地销售茶叶。这个法案让原来在北美分销茶叶的所有商人都气炸了，因为这大大侵害了他们自身的利益，他们决定联合抵制法案和来自东印度公司的茶叶。

同年 12 月，四艘英国东印度公司满载茶叶的船驶达波士顿港。这些抗议人士伪装成印第安人跑到船上，将货物全部砸毁，并将船上 340 箱价值昂贵的茶叶倾倒在港口内，这次事件被称为"波士顿倾茶事件"。事后导致英国政府关闭波士顿港，并制定各种法案对北美殖民地加强控制，没想到却成为 1775 年美国独立战争的导火索。

波士顿倾茶事件

有趣的茶饮文化

东方人喝热茶的习惯是在一个偶然的机缘中被改变的。1904 年在美国圣路易斯举办的世界博览会期间，一位在美国从事进口生意的英国人理查德·布利希登租了个摊位，计划要卖印度茶，正好迎合当时社会大众喜欢带有东方色彩商品的心态。没想到开幕当天天气炎热，人们都跑去买冰的饮料，热茶反而完全卖不出去。

"谁说茶一定要喝热的呢？"布利希登灵机一动，隔天立刻在摊子上推出新的"冰茶"商品。"咦？冰的茶，以前没喝过，试试看好了。"大众非常好奇，争相购买冰茶喝。"味道还不错，喝起来不甜，爽口又解渴。"从此之后，茶饮变成冷、热皆可，大大颠覆了以往只喝热茶的习惯。

20 世纪 80 年代，我国台湾地区有人将红茶和冰块放入调酒杯中摇晃拌匀，在摇的过程中会产生细致的泡沫，便称之为"泡沫红茶"。不只红茶，绿茶、乌龙茶和添加了奶精粉的奶茶，也都可以做成泡沫式的茶饮。没过多久，又流行起在冰凉的茶饮里，添加一些食物来增加食用的口感，例如将木薯粉做成的粉圆加在奶茶里，美其名曰"珍珠奶茶"。这类茶饮在我国台湾地区广为流行后，渐渐推广到全世界，连欧美地区都兴起了"珍珠奶茶"风潮！

第五章

从英雄树到杯中茶

茶树原产于亚洲，分布于气候温暖、湿度够、日照足的地区。由于其风味得到越来越多人的喜欢，得以大量种植，只要是阳光充足、云雾多、未经破坏的山坡地上，经常可以看到满山遍野的茶树，在原始森林中还可以发现数百岁的茶树。茶树是一种长寿的植物，在茶农细心照顾下，只要没有病虫害，可以持续采收茶叶长达数十年。

从野生到茶园

茶树主要分布在亚洲地区，我国西南部地区以及印度半岛等地都曾发现过野生的茶树。茶树原本生长在温暖、湿润的森林里，为了方便采摘，茶农将茶树集中栽培在茶园里。要让茶树健康生长，必须有足够的养分和阳光，所以不能密密麻麻地种一整片，但若种得过于稀疏则又不便于采收，于是农夫们把茶树整齐地种成一排排，这样不仅

可以确保产量，也能延长茶树的寿命。一棵 70~100 厘米高的茶树，主根约有 100 厘米长，因此茶树必须种植在比较厚实的土壤中，才能得到良好的支撑力。

"这棵树长得很高，奇怪的是叶子看起来怎么这么像茶树？"孩子问小南。

"对啊，这棵就是茶树，野生的茶树可以长得很高，也被称为英雄树。茶园中的茶树是为了采摘方便，才会修剪成矮矮的树形的。"小南可是很清楚茶树的生长状况！

茶树为山茶属，所以它的花和山茶花很像，有黄色的花蕊和白色的花瓣。夏天茶树枝干上逐渐冒出小小的花苞，秋高气爽时，便开出白色的小花，一直到 12 月都是茶树开花的季节。经过授粉后，子房便发育成果实，等到第二年秋冬的时候，果实才会成熟，里面有种子。茶树可以靠种子繁殖。果实成熟时，果皮会裂开，取出里面的种子，就可以播种了。种子发芽、经过 3~5 年的成长，便可以开始采收茶叶。不过通常只有

茶的果实是一种蒴果，外表有一层坚硬的壳，里面分成二到三室，每一室里含有 1~5 颗种子。

65

在培育新品种时才会用种子繁殖，茶园中为了保存良好的品种，茶农会采用其他效率较高的方法，例如扦插、压条或是嫁接。

虽然茶树已经有几千年人工栽植的历史，品种也不断改良，然而茶树喜欢的生长环境还是和野生种一样，也只有在气候适合的地方种植，才能产出好的茶叶。在海拔400米以下的山坡地，若气温、湿度和土壤都适合，再加上排水良好、经常起雾，就非常适合种植茶树。茶树在适当的气候下，一年四季都能生长，也都可以采收叶芽。一般用来制茶的部位俗称"一心二叶"，这是指顶端新生的2~3片嫩叶，因为含有丰富的酵素与化学成分，是质量最好的茶叶。依采收季节不同，茶叶可以大致分成2~5月的春茶、5~6月的夏茶、6~8月的六月白茶、8~10月的秋茶以及10~2月的冬茶。由于冬天和春天的日夜温差较大，嫩叶生长的速度较慢，因此能够累积更多养分，所以冬茶和春茶可说是一年四季中质量最好的茶叶。

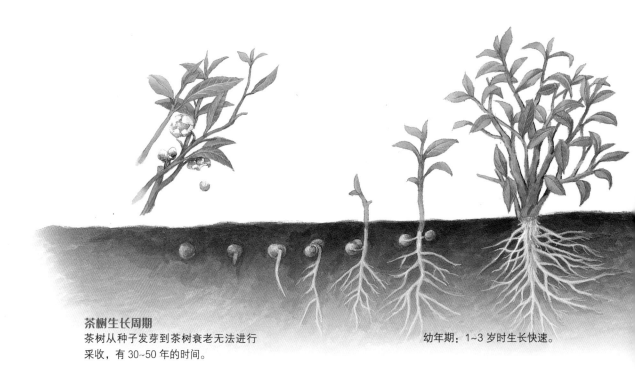

茶树生长周期
茶树从种子发芽到茶树衰老无法进行
采收，有 30~50 年的时间。

幼年期：1~3 岁时生长快速。

"这些嫩叶被咬得坑坑凹凹，要赶紧想办法除虫，不然今年的冬茶就没法收了。"茶农看着茶树上的避债蛾伤透了脑筋。

茶树上最常看到的害虫有茶蚕、毒蛾类、避债蛾类、尺蠖蛾类等，它们经常把茶树的叶子、树皮啃光，甚至会破坏嫩芽组织，使嫩芽无

茶树的病虫害

传统驱逐茶树害虫的方法除了喷洒药剂、捕杀成虫之外，如果情况严重，有时会将整株茶树甚至整个茶园烧毁。现代的方法则是采用生物防治法来进行防治。

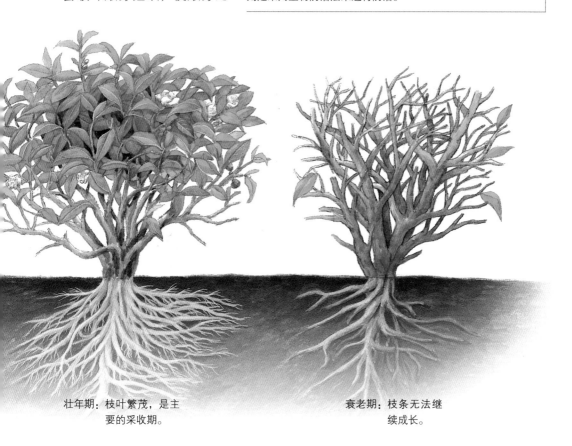

壮年期：枝叶繁茂，是主要的采收期。

衰老期：枝条无法继续成长。

法再发育成长。此外螨、蝉类会吸食叶片内的汁液，使叶片枯黄、脱落；微生物也会感染茶树，并使其出现枯萎、坏死。为了减少虫害，茶农会在茶园里养一些草蛉幼虫和寄生蜂，让它们捕食茶园的各种害虫，利用自然防治方法来确保茶树得以健康生长。

茶叶成为众多领域的"宠儿"

　　茶是一种相当健康的饮料，因为茶叶中富含的儿茶素，除直接影响茶汤的味道外，也具有抗氧化、保护心血管、抑制脂肪组织增生、促进细胞新陈代谢、降低脂肪堆积等功效。茶叶中含有咖啡因，具有提神醒脑的功效。茶树的种子含有丰富的油脂，提炼之后的茶籽油是一种优质的食用油。榨油剩下的茶籽渣中含有茶皂素，在没有肥皂的年代被人们用来洗头、洗衣服、作为消毒鱼池的消毒剂。茶树的根、茎、叶、种子中都含有丰富的茶皂素，具有发泡、乳化、分散等特性，还具有溶血、抗渗、消炎、镇痛等药理作用，因此在现代工业中常被用来制造各种类型的乳化剂、洗涤剂、泡沫剂、药剂等，广泛应用于在农业、清洁剂、医药、化妆品等领域。

考究的制茶法

茶树的叶子是制造茶叶的主要材料。通常茶树长到第三年时，就可以开始采收。最传统的方式是用双手来采摘茶叶，不过并不是整株茶树的叶子都可以拿来制茶，而是要挑选最嫩的叶子，例如刚冒出来的顶芽，以及顶芽旁第一到第三片的嫩叶。茶农

用手挑选出来的嫩叶，最好的称为"白毫"，是指带着黄色的叶子，长在茎的末端，上面覆盖着绒毛。摘完嫩叶后，还可以往下采四五片叶子。其余的老叶制出来的茶叶质量不好，但是为了进行光合作用，为整株茶树提供能量，老叶并不会被摘除。

发酵

刚摘下来的新鲜茶叶被茶农称作为茶青，约5千克的茶青才能制作出1千克的茶叶。新鲜的茶叶又苦又涩，几乎无法尝出其他味道，一定要经过制茶的工序才能散发出特有的风味。茶青中含有许多酵素，只有在水分减少、温度增高时，这些酵素和空气中的氧气发生作用，茶青的颜色和香味才得以改变，这个过程称为"发酵"。

发酵的程度不同，制出来的茶可分为不发酵茶、半发酵茶和全发酵茶等种类。不发酵茶指茶青没有经过发酵过程而制成的茶，例如绿茶；全发酵茶是指茶青已经完全发酵，例如红茶便是全发酵茶；其他如乌龙茶、包种茶、铁观音等的发酵程度为12％

~60％，称为半发酵茶。制作半发酵茶时，茶青要经过曝晒，依靠太阳的光线和温度来促进水分的蒸发，日照太强或时间太久都会影响到日后茶叶的质量，因此茶农们经常顶着太阳随时检查茶青的状况，为的就是避免茶青被晒伤，这是一件相当辛苦的工作。

室内萎凋
如果日光太强，为了避免茶叶晒伤，必须将茶叶移往室内继续萎凋。

当茶青失去原有的光泽，并且散发出一股清香时，表示已经晒得差不多了。接下来必须把茶青移到室内阴凉的地方，同时靠鼻子闻香气来判断什么时候可以用双手或机器翻动。适当的搅拌是为了控制发酵的程度，使茶叶产生特殊的色、香、味。整个过程需要一到两天，所以在制茶时老师傅经常整晚不睡，随时关注茶青的变化。采用搅拌的方式也是为了促进叶片之间的摩擦，使部分细胞受到破坏，让空气更容易进入细胞内，茶青才能继续发酵到所需要的程度。搅拌几次后，会出现一种特殊的香气，表示已经发酵完成。

日光萎凋
将茶叶在太阳底下曝晒，利用日光来进行萎凋，此时茶叶会散发出阵阵香味。

杀青

接下来要进行"杀青",也称"炒青",即将发酵好的茶叶放在锅中炒制,利用高温来抑制茶叶继续发酵,避免香气散失。至于绿茶类如龙井、碧螺春等,是不需要经过发酵便直接炒青的。

揉捻

杀青后的茶叶仍然是一片一片的,为了增加美观度,必须利用双手或机器将茶叶反复揉捻出所要的形状。每一种茶的外形都不太一样,例如龙井茶的形状像剑,碧螺春的形状是螺形,铁观音茶则要揉捻成"蜻蜓头"状。

杀青
将茶青放在热锅上炒,使其中的酵素失去活性,不再继续发酵。杀青时温度要高,茶叶的香气才会充分散发。

揉捻
用手或是揉捻机将茶叶加以压揉,目的是增加茶叶的美观度。

干燥

揉捻后的茶要让它干燥，即利用高温来降低茶叶的含水量，这样既可改善茶叶的香气，又可延长其保存时间。

经过杀青、揉捻、干燥这几个过程制作出来的茶，称为粗制茶或毛茶。再挑去其中的茶梗和粗老的茶叶，才是我们所喝的茶。挑拣茶叶的工作有的是利用机器，有的还是靠人来做。某些茶类对叶子的长短有一定的要求，例如香片茶的叶子长度为 0.5 厘米，所以必须把毛茶切成 0.5 厘米的长度。在筛选过程中，会有茶角、茶末等碎片，由于这些碎末的分量很轻，容易在空气中扬起，可以利用风选机来使它们一一分离；而那些被分离出来的碎末，通常用来作为制作茶包的原料。

因为茶叶本身便含有独特的香味，如果再混合了鲜花、水果的香味，也能帮茶叶增添不同的风味，茉莉花茶便是一种常见的花茶。茉莉花具有浓郁的香气，茶叶与其混合后会吸收其香味，融合迸发出独特的风味。也有把洛神花、人参、姜这些味道特殊的植物或香精加入茶叶中做成加味茶，提供给爱茶人士更多元的选择。

干燥
干燥后的茶叶含水量降低，可以保存得更久。

加味茶

在茶叶中添加各种花或果实，使茶汤产生不同的风味，例如格雷伯爵茶就是添加了柑橘类香气的加味茶。

茶包的由来

做好的茶叶除了散装之外，有的为了方便保存与运输被做成茶砖、茶饼等形状。而我们常喝的茶包则是要归功于20世纪初的美国茶叶进口商托马斯·苏利文。因为他常常要送样品给客人品尝，每次送给客户样品都要花费一大笔钱，托马斯觉得相当不划算。后来托马斯用布把茶叶包起来当作样品送给客户，原本是希望可以减少茶叶样品的数量，没想到反而却受到客户青睐。

"老板，很多客人希望以后可以买到布包起来的茶叶！"员工回来后说出了客户的希望。"布包的茶叶？你说的是真的吗？"托马斯完全没想到。

分级

利用风选机分离出来的茶角、茶末等碎末通常被用来制作茶包。

茶包

将磨碎的茶叶装入滤纸或无纺布做的小袋中，就可以做成茶包，其最大优点是可以利用多种茶叶、香料调配出不同口味的茶饮。

茶叶与茶汤
茶是一种可塑性很高的饮料，通过不同的发酵制程与调味，可以创造出许多不同风味的茶饮。

客人们觉得整包茶泡好后一并丢弃，可以省掉清理茶叶的麻烦。误打误撞的设计让客人们觉得方便好用。

到了 20 世纪 20 年代，纱布取代丝布成为茶包的材质，也就形成了今天所使用的茶包。茶包可以一人用一包，方便又卫生；同时茶包的样式也方便茶商将不同产地的茶叶进行调配，制作出各种不同风味的茶包。

形形色色的茶叶

中国是茶叶的故乡，很多地方都产茶。依据茶树种类以及制作方式的不同，中国的茶叶大致可分成白茶、绿茶、黄茶、青茶、红茶、黑茶六种。它们泡制出来的茶色都不相同，白茶跟绿茶属于不发酵茶，茶色最浅，黄茶为轻发酵茶，青茶为半发酵茶，红茶为全发酵茶，黑茶的发酵时间最长，泡制出的茶色最深，呈现暗褐色。不同茶叶泡出来的茶各有风味，也受到各地人们的喜爱。

在中国南部、日本、印度的茶园，常可发现一种不到 0.3 厘米的茶小绿叶蝉聚集在茶树的嫩叶上吸食汁液，让嫩叶变得又小又卷。原本是茶农最头痛的昆虫，却成了生产椪风茶最重要的角色。传说一个农家在采收春茶后，因为疏于管理，茶园杂草丛生、昆虫出没，等到要采摘夏茶时，才发现叶子都长得又黄又卷。农家舍不得把它丢掉，还是照常采收、做成茶叶，没想到这批茶叶却带有独特的蜂蜜香味，反而受到买家欢迎。这种香味就是因为茶小绿叶蝉咬了叶芽，使叶子内部的成分有所改变。因为茶小绿蝉只在夏天大量出现，因此夏天才能采摘；再加上茶树不能喷农药，制茶步骤也比较复杂，到现在这种茶还是很珍贵的茶种。

自 17 世纪末叶开始，原本不喝茶的英国人喜欢上中国的茶饮后，英国反倒成为世界最大的茶叶消费国之一。不过英国本土的气候并不适合栽种茶树，只好在印度、斯里兰卡等殖民地利用中国的茶树杂交栽培出足够英国消费市场需求的茶叶。印度阿萨姆邦所产的阿萨姆红茶以茶汤清透鲜亮、具有浓烈麦芽香而出名。印度的大吉岭从 19 世纪中叶开

红茶
红茶是一种发酵程度较高的茶，茶汤颜色比较深，味道比较香醇，也较没有涩味。因为经过发酵处理，因此保存时间较长，味道不易产生变化。

始种植茶叶，以优秀的红茶杂交品种和发酵技术稳居世界优良红茶的地位。英国人最常喝的茶饮是奶茶和柠檬茶，其基底都是红茶。红茶发酵程度较高，茶汤颜色较深，喝起来风味独特。与绿茶会随时间而丧失其风味相比，红茶能保存相当长时间而味道不变，因此红茶能适应长途运输。这也许是红茶能从东方传到西方并广受欢迎的重要原因之一。

茶叶除了泡茶饮用之外，也是制作食品的好材料，例如用抹茶制成抹茶冰激凌、用茶汤卤制的茶叶蛋、用龙井茶做的龙井虾仁、用樟树叶和茶叶熏制而成的樟茶鸭，都是充满天然好滋味的美食。

植物通识课
快乐游乐场
奇趣大百科

抖音扫码

第六章

神奇的酒精饮料

酒文化源远流长

"把酒杯斟满酒，我们可以祭拜了。"妈妈忙进忙出，一边准备祭拜祖先的供品，一边把酒瓶、酒杯摆好。

在中国的习俗中，祭拜神明、祖先时，除了准备食物等祭品外，酒也是重要的祭品之一，俗话"无酒不成礼"正说明酒在中国祭祀和礼仪中的重要性。在绵长的人类历史中，酒一直扮演着具有奇特能量的角色，负责引发人类各种喜怒哀乐的情绪。高兴的人喝酒可以助兴，悲伤的人喝酒便会"酒入愁肠愁更愁"。一样的酒却让人们产生不同的情绪，酒实在是一种神奇的饮料！

据说聪明的灵长类动物发现藏在树洞里的水果等食物过了一段时间后，会产生一

些甘醇的液体，喝了会有飘然放松的感觉，这些好喝的液体就是后来我们所喝的"酒"。大自然中无所不在的酵母菌很容易令果实发酵，因此在狩猎、采集时代的人类就已经知道"酒"这种饮料的存在，可以说酒是人类饮用历史最久远的饮料。大概出于本能，古时候人类饮酒的原因有很大一部分在其有益于身体。现代科学使我们知晓，当酵母菌和糖分作用后会产生酒精和二氧化碳，而酒精能杀灭很多危害人体健康的微生物，因此在现代卫生设备兴起前，喝啤酒、葡萄酒和其他发酵饮料通常比喝水更卫生、健康。加之发酵过程中还会产生叶酸、烟碱酸等营养素，因此在古代的地中海东部沿岸地区，啤酒被当作营养丰富的液态面包，为人们提供热量、水分以及身体必需的维生素。

最古老的酒

"你的孩子将会夺走你的王位。"乌拉诺斯被自己的儿子克洛诺斯打败后，临死前这样诅咒着克洛诺斯。

在希腊神话中，幼年时的众神之王宙斯便是在克里特岛的洞窟内，由妖精们喂养蜂蜜、羊乳才长大成人。色泽、香味丰富多元的蜂蜜很早以前就是人类营养与糖分的来源。西班牙北部的阿尔塔米拉洞穴壁画中就描绘着人们采集蜂蜜的场景，据此可推测在15000年前的人类就已经懂得食用蜂蜜。因为蜂蜜具有防腐的功能，两河流域的巴比伦王国会把蜂蜜涂抹在死者身上以祈求再生，南美洲的印第安人也会把蜂蜜用在祭祀仪式中。只要把蜂蜜加水稀释，放置一段时间后就会变成蜂蜜酒，可以说相当容易，因此有人推测历史上最古老的酒可能是蜂蜜酒。中国河南省漯河市舞阳县的贾湖遗址属距今约9000年的新石器时代文化，分析发掘出来的陶片遗存后，发现留有类似酒精饮料的沉淀物，其化学成分跟稻米、米酒、葡萄酒、蜂蜡、葡萄丹宁酸相似，这是目前发现最早的人类酿酒遗址。

中国的酒神

世界各民族都有自己的酒神，分别教导人民酿出各种佳酿。中国的酒神是杜康，传说他是黄帝时负责管理粮食的官员。当时的粮食储藏在山洞里，因为环境阴暗潮湿，容易发霉而无法食用。有一天，杜康发现大树枯死后留下的树洞非常干燥，就试着把白米倒进树洞里收藏。过了一段时间，杜康回来查看这些粮食，没想到却先看到躺了

一地的动物们。原来他存放在树洞里的白米变成了弥漫着香味的液体，他猜想动物们应该是喝了这些液体后才睡着的。杜康把这些液体带回去分给亲朋好友品尝，大家除了觉得好喝之外，更感觉神奇的是喝完还有飘飘然的快感。于是杜康开始钻研如何酿出更多好喝的"水"，传到后世，就是我们所喝的酒。

埃及的酒神

在埃及神话中，冥王奥西里斯教导埃及人种植庄稼、酿酒，因此深受人们爱戴。当时人们也相信喝醉酒时更能接近神明，甚至在节日庆典中把能够喝到吐当成是一种富庶的象征。

希腊罗马神话的酒神

希腊神话中的酒神是狄俄尼索斯。在神话中，他是宙斯的私生子。虽然宙斯多次解救狄俄尼索斯使他得以重生不死，但最终还是敌不过善妒的天后赫拉的残害，狄俄尼索斯终于发疯，在人类的土地上到处流浪。在流浪的过程中，他教会人民种植庄稼、酿葡萄酒，希腊人在祭祀他的酒神节纵情狂饮并表演《酒神颂》等歌舞。罗马神话中的酒神名叫巴克斯，是从希腊神话延续而来的同一位神祇。

传说中奥西里斯是教导埃及人酿酒的神祇。

印度的酒神

在古印度婆罗门教和现代的印度教最重要的经典《吠陀》中，记载了众神经常饮用一种名为"苏摩"的饮料，目的是增强神力，因此在婆罗门教的仪式中也经常出现苏摩，后来就被人格化成为酒神。从许多文

古希腊神话中的葡萄酒神，掌握葡萄酒醉人的力量，还因为散布欢乐与慈爱，在当时是极受敬重的神祇。常出现在圣像中的圣物有酒神杖、葡萄藤、貂等。

献来看，最早的苏摩汁应该是从某种植物的根或茎压榨而得，喝了之后会让人有兴奋、迷幻的感觉。

热闹而纷扰的酒馆

酒精饮料是人类文化的重要部分，酿酒、喝酒、卖酒都有着久远的历史。酒馆的起源可以追溯到公元前 1 世纪左右，恺撒大帝进攻高卢时，因为行军路线漫长，因而发展出可以补给物资兼住宿需求的旅店（inn）。旅店除了住宿外，也提供酒精饮料。到了 4 世纪左

19 世纪酒馆被称为"public house"，通常是当地社交活动的中心。现代专门提供啤酒、葡萄酒、鸡尾酒等酒类饮料的消费场所"酒吧"（pub）一词即由此演化而来。

右，卖食物与酒的客栈在欧洲出现，保障旅人们旅途中的温饱；一直到 13 世纪左右，提供各地所生产的葡萄酒的酒馆才从专营饮食的餐馆中独立出来，在英国也出现了专卖啤酒的啤酒店。

在中国，酒很早就进入了市场买卖的项目中，例如《诗经·伐木》："有酒湑我，无酒酤我。"就是说家中有酒就拿来喝，如果没有酒就到市场去买。《论语·乡党》所记载："沽酒市脯，不食。"指孔子担心从市场买来的酒肉不清洁，所以不敢食用。从这些文献可以看出，先秦时候就有卖酒的酒肆了。汉代时酒肆已经遍布全国，例如辞赋家司马相如曾同与他私奔的爱人卓文君在成都开店卖酒。卓文君卖酒，司马相如负责洗涤酒具、食器。宋代实行酒专卖制度，酒一般是由国家开办的"酒库"所酿造，

酒肆则从酒库批发来零售。北宋的汴京、南宋的临安非常繁华，已经有很豪华的酒楼。明清时代私营酿酒作坊日益增多，如兴起于明代的安徽亳县（今亳州市）古井贡酒、四川泸州老窖，现在仍是中国名酒。

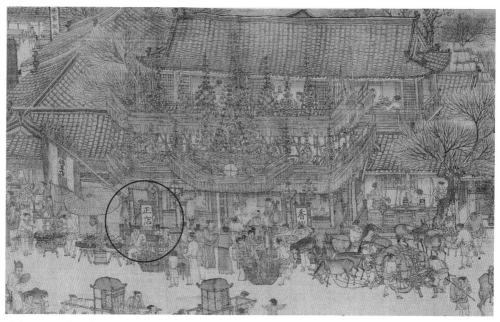

《清明上河图》里有间"孙羊正店"，并不是卖羊肉，而是一家可以批发酒的大店，属于高级酒楼。当时汴京城内仅有72家正店，从正店批发酒来卖的店称为脚店，图中汴河码头边即有一间脚店。

营养丰富的啤酒

　　利用谷物酿成啤酒，有可能是一个美丽的偶然。远古时期在美索不达米亚平原，有人用发了芽的谷物煮粥，没吃完的粥过了几天发出酸味，没想到喝了之后竟然让人产生晕乎乎的幸福感，于是人类发现谷物除了填饱肚子外，也可用来酿造口味甘醇的饮料。

　　从考古文物来看，公元前3000年左右的古埃及、苏美尔、巴比伦都已经会利用大麦、小麦等谷物来酿制啤酒。不论贫富长幼都会饮用，可以说啤酒是古埃及人最重要的饮品。

埃及的壁画中所描绘的酿酒情形。
图片来源：大都会艺术博物馆

其原因在于，虽然尼罗河年年泛滥带来肥沃的土壤，可说是埃及的生命之河，不过饮用河水很容易让人生病，因此古埃及人并不喜欢直接饮用尼罗河水，这样用大麦制成的酒就成为日常饮料，和面包同为饮食的一部分。当时的啤酒就像今日的稀饭一样浓稠，里面含有许多固状物，营养很丰富，是古埃及人重要的蛋白质、矿物质和维生素来源。

古埃及时代已经用发芽的谷粒来酿酒。为了保存已经发芽的谷粒，酿酒师会先把这些谷粒做成扁面包，只能轻微烘烤以避免杀死酵母。需要时只要把面包敲碎并浸泡在水中就能用来酿酒。因为麦酒酒精浓度很低，为避免变质，酿制完成后必须尽快饮用，通常是每天现酿现饮。麦酒是重要的食物之一，因此古埃及的酿酒师地位崇高，享有葬在君王身边的殊荣；而负责法老王饮料的司酒官也是社会阶层很高的职位。当时的麦酒和面包、香料、蔬菜等食物都可以作为工人的薪资。

在出土的苏美尔泥板文物中，有许多关于啤酒的文献。啤酒在巴比伦人的生活中也占有重要地位，当时大约有 20 余种的啤酒，《汉谟拉比法典》中还记载有购买啤酒

啤酒花

这种桑科植物又称蛇麻草。在啤酒的生产过程中，啤酒花可以增加啤酒的风味，又有杀菌消毒、增加保存期的功效，因此添加啤酒花成为啤酒的标准制程之一。

时赊账、或酿造假啤酒都会被处死刑的法条。

在古埃及和两河流域备受喜爱的啤酒一开始并未受到欧洲人的喜欢。罗马人爱喝葡萄酒，认为这种由谷物发酵制成的啤酒酸臭无比，只适合给周边的"蛮族"饮用。欧洲最早的啤酒于距今约 3500 年前出现在伊比利亚半岛，当地人用大麦、小麦酿麦酒，可算是现代啤酒的前身。当时啤酒花尚未被用来酿造啤酒，不过为了增加风味及保存期限，人们已经会在酒中加入艾草等草药。罗马帝国的博物学家老普林尼曾经走访高卢、西班牙、意大利北部一带，记录下他喝过的所有啤酒。当时的高卢人已经可以酿造质量优良的啤酒，而酿酒后剩下的残渣则被妇女拿来作为美容用品。

在法国诺曼底地区的圣万佐耶修道院收藏的 9 世纪左右的文献中，记录了一种以谷物为原料的啤酒花饮料，当时可能已经发现添加啤酒花可使啤酒保存更久。中世纪是啤酒的过渡期，古代的麦酒和啤酒花啤酒共存了几百年。后来啤酒花的应用越来越普及，这款带有苦味的酒精饮料终于征服了世界各地的人的味蕾。中世纪的啤酒酿制由家庭私酿慢慢移转到大型农场，利用发芽设备完成发芽后，便直接在农场进行后续的发酵、酿制。修道院是另一个酿酒的场所，因为当时的修道士需要开拓财源，酿啤酒、做奶酪便成为他们日常的工作。啤酒被认为可以治疗疾病，因此有些医院也会酿啤酒。9 世纪时，啤酒酒馆已经在英国普及。工业革命后，啤酒开始在工厂中大规模酿制。

葡萄酒——酒神赏赐的佳酿

葡萄酒是吃西餐时最常搭配的佐餐酒，最简单的规则就是"红酒搭配红肉、白酒搭配白肉"。由于大自然中到处存在着酵母菌，甜甜的水果可以说是酿酒最好的原料，

葡萄只是其中之一。在葡萄酒之前，罗马人曾用无花果发酵酿酒，北欧人则饮用苹果酒，不过葡萄相较而言是酿酒的绝佳原料。葡萄能够适应不同的气候和土壤，产量高，其富含的酒石酸很利于酵母菌生长，同时所含的大量糖分能充分喂饱酵母菌以产生更大量的酒精。

欧洲人饮用葡萄酒历史悠久。公元前 3000 年左右，葡萄酒成为古埃及和西亚地区重要的贸易商品之一。最早酿出的葡萄酒是红色的，在埃及出现变种的葡萄后，才开始酿造白葡萄酒。古埃及人酿酒时，把葡萄汁装进陶瓮中发酵，用泥土将酒瓮与瓶塞密封，让葡萄酒以数年的时间慢慢熟成。在法老王的陵墓中所发现的葡萄酒瓶上有些标示有酿造日期、地区，有些还附有酿酒人姓名与说明，可见当时已经懂得品味各种不同葡萄酒的风味。

"今天让我们好好狂欢吧！"

"什么烦恼的事情都先搁下，尽情享受酒神狄俄尼索斯赏赐给我们的愉悦和轻松吧！"每到酒神节时，人人都啜饮着葡萄酒，忘却生活俗世中的不顺遂。

栽培种的葡萄经由贸易商拓展至地中海沿岸，希腊人除种葡萄酿酒外，也发展出对酒神狄俄尼索斯的崇拜仪式。当时的葡萄酒是一种烈酒，饮用前必须加水稀释。到了罗马时代，酿制葡萄酒的技术更为进步，老普林尼在其《自然史》一书中，以一整卷的篇幅记录了当时各式各样、不同品种的葡萄。而且即使品种相同，不同地区所酿出的葡萄酒也有着截然不同的风味。北欧酿酒用的木桶在这个时期传到了罗马，逐渐变成酿造葡萄酒的标准容器，其最大好处是重量轻、不易破碎。罗马帝国衰落后，种植葡萄、酿酒技术由天主教修道院接手。修士们开垦森林、沼泽地区用以种植葡萄。

随着时代演变，重量轻、不易破碎的木桶变成了酿造葡萄酒的标准容器。

葡萄酒是天主教重要的圣餐仪式必备的物品，也是人们日常饮食的一部分。葡萄后来引入法国，奠定了勃艮第葡萄酒从中世纪后的良好名声。17世纪左右，葡萄酒成为法国重要出口商品，尤其是波尔多地区占有港口之利，所产葡萄酒更易运到欧洲各

蒸馏器
蒸馏器的发明使得人们得以追求浓度更高的酒精饮料。

地，因此波尔多被称为世界葡萄酒中心，当地葡萄酒也有着"葡萄酒皇后"的美誉。

中国原本不生产葡萄，西汉张骞通西域后，把葡萄和酿葡萄酒的方法引入中原地区。唐代诗人王翰的《凉州词》一诗写道："葡萄美酒夜光杯，欲饮琵琶马上催。醉卧沙场君莫笑，古来征战几人回？"可见葡萄酒在8世纪左右的中国是价昂且珍贵的酒。

葡萄酒在发酵与熟成的过程产生特殊的花香，而葡萄果皮与种子中含有的丹宁使葡萄酒除了酸、甜之外，更富有层次多元的涩味。葡萄酒成为广受世界各地人们喜爱的酒。

生命之水威士忌

"奇怪了，把这些葡萄酒加热后的蒸汽收集起来，再凝结成液体后，喝起来反而更浓？"

人类发现蒸馏酒的机缘来自观察到利用低温可以将液体受热散发出的蒸汽凝结回收。此外，如果把葡萄酒或啤酒加热所散发的蒸汽再度凝结成液体，浓度比原来的酒更高。而高浓度的酒精对一切生物都有毒性，包括制作出酒精的酵母菌。只要酒精浓度超过20％，酵母菌就会失去作用，因此要制作出更烈的酒，只能在发酵后，利用蒸馏技术把沸点比较低的酒精跟水分离。著名的蒸馏酒有以谷类经过发酵、蒸馏所酿制的威士忌，以及以水果发酵、蒸馏所酿制的白兰地等。

人类很早就会利用蒸馏技术，5000多年前的美索不达米亚平原的人们，已经利用蒸馏来提取植物中的芳香精油。他们将植物放在锅中加热，收集凝结在盖子上的蒸汽，进而得到浓郁的精油。蒸馏器最早的发明与使用者的原始目的是作为炼金之用，8世纪左

蒸馏

蒸馏是把液体加热气化，然后冷凝成液体的过程，用蒸馏法可以增加沸点较低成分的浓度。酿酒时会得到酒精与水的混合物，酒精的沸点为78℃，水的沸点为100℃，加热使酒精饮料汽化时，由于酒精沸点较低，会先被蒸发，将所搜集到的酒精蒸汽再度冷凝为液体，便可得到浓度较高的酒精饮料。

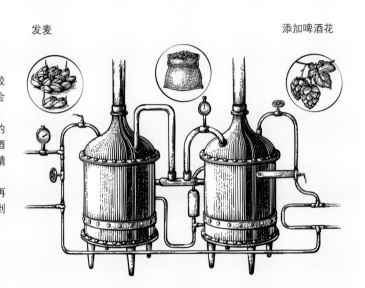

发麦　　　　　　　　　添加啤酒花

右，波斯炼金师贾比尔·伊本·海扬发明了第一个蒸馏釜，他在实验过程中曾经写下，在沸腾的葡萄酒中加盐，可以增强酒的挥发性，酒蒸汽也会变得更易燃。虽然他的目的是想要点石成金，但这个设施却误打误撞地成为蒸馏酒出现在人类社会的契机。高浓度蒸馏酒最早有可能出现在中国，因为蒸馏器传到中国后，炼丹术士们从谷物制品中蒸馏出酒精浓度高的酒，最早仅供王公贵族享用。而到了13世纪左右，蒸馏技术越来越成熟，酿制的酒已可以商业贩卖。

"糟糕，黑死病已经传染到隔壁村镇了，再不防范就要到我们这里来了。"村长忧心忡忡地说。
"请修道士们调制生命之水吧，看能不能躲过这次浩劫。"热心的村民提出建议。

蒸馏器传到欧洲后，14世纪后期欧洲爆发了黑死病，让欧洲人刚发展出的蒸馏酒大为流行。这种传染病在几十年内造成欧洲 2500 万人死亡，大约占当时欧洲总人口数的三分之一。因为生命遭受威胁，欧洲人在惊恐之余纷纷寻找各种灵丹妙药，即使是道听途说、毫无医学根据的疗法也纷纷一试，蒸馏酒便是其中一种。当时法国利用蒸馏器蒸馏出白兰地，因为酒精成分高，一碰到火就会燃烧，这种酒被认为是带有火的精灵，可以赋予身体无穷的活力，而一般欧洲人也认为喝了有"生命之水"之称的蒸馏酒就能避免染上黑死病。这个时期连修道院都开始热衷于添加各种药草进行"生命之水"的制作。

第七章

不同植物酿出不同风味的酒

大自然的恩赐

远古时代的人们无意中发现水果、谷物暴露在空气中，久而久之便会产生一种令人陶醉的滋味，这就是"酒"的起源。把大麦面包加水搅拌并放置一阵子，发酵后所产生的液体就是最早的"啤酒"。5000 年前的古埃及金字塔墓道内的壁画上就绘有酿酒的过程，在中国贾湖遗址发现的陶罐残片等文物，更说明了人类酿酒、喝酒的历史至少有 9000 年以上！

让酵母菌变出酒

当今世界上有着各式各样的酒，可以用来酿酒的原料包括谷物、水果、蜂蜜、奶类等。远古时代，只要这些东西和存在于大自然中的酵母菌发生作用后，就可以得到香醇的酒精饮料，酵母菌可说是负责把谷物、果实转化成酒精的重要角色。

在人类尚未发现酵母菌存在之前，聪明的人们发现了好几种方法可以把谷物转化

成酒精。南美洲以玉米为主食的印加帝国的人们发现，只要把玉米咀嚼成糊状，再将这些玉米糊拌到煮熟的玉米中，然后放进陶缸，将陶缸密封放在阴凉的地方，不久就能慢慢酿出酒来，过滤后就可以饮用了。这种酒被称为吉开酒（chicha），"chicha"一词在当地语言中有发酵、咀嚼之意。在东方，酿酒的人发现在煮熟的米饭上会滋长一种含有酵素的霉菌"米曲菌"，只要把这些米曲菌拌入煮熟的米饭，装罐密封一段时间后，就可以制成米酒。也有人发现谷物发芽后所产生的物质也可以用来酿酒，因此人们先把谷粒浸泡在水中，等其发芽后，把这些芽剪下来和未发芽的谷粒混合碾碎、加热后静置一段时间，就会产出酒精饮料。一直到今天，这种让谷物发芽的技巧都还是酿造啤酒时广泛采用的方法。

吉开酒

并不是所有的酵母菌都可以用来酿酒，有些酵母菌会使食物酸败，另外发酵环境不佳也会酿出味道奇怪的酒，因此如何维持酵母的质量，从古至今一直是酿酒的挑战。历代以来除了保存酵母菌种外，还会想办法培育各种酵母菌株。有些能耐高酒精浓度，有些能产生特有的芳香，正是因为酵母菌千奇百怪的特性。酿酒过程也考验着酿酒人。酿酒人必须具备丰富的知识与经验，才能选择最适合的酵母菌，并营造出最适合它工作的环境与温度，最后才能得到完美的佳酿。

马奶酒

中亚的游牧民族利用马奶酿酒有着悠久历史。牧民们将马奶放在大型的皮革袋内，加入酵母后，历经数天的摇晃、搅拌，就可以产生酒精浓度低、口感温和的马奶酒。

谷物酿酒真营养

人类开始种植谷物后进入农业社会，有了充足的粮食来源，人类文明得以突飞猛进。除填饱了人类的肚子外，稻米、麦子、玉米、高粱等作物也被世界各地不同的民族用于酿造酒精饮料，这些酒精饮料成为人类的祭祀、娱乐、精神生活不可或缺的物品。

除了作为粮食作物，还常被用来酿酒，如中国的米酒和日本的清酒、烧酌等酒，都是由米酿制而成，有些啤酒酿造时也会加入稻米，达到凸显其他成分的效果，例如让啤酒花的香气更明显。

日本清酒用稻米为原料酿制而成。

中世纪酿造啤酒
啤酒的大规模酿造大概始于中世纪的欧洲，但是只有贵族和寺院才可以酿造和销售，直到 19 世纪初期才开放，允许平民来酿造和贩卖。

用麦子酿制的啤酒，其味道并非一成不变。古时候酿造啤酒往往会加入果实、花卉来增加啤酒的美味，后来德国人尝试加入啤酒花的雌花后，酿造出的清爽苦味的啤酒获得世人一致称许。到了今天，啤酒花的雌花成为酿造啤酒的基本材料之一。

麦子家族相当庞大，大麦、小麦、黑麦都是酿酒的好原料。有些日耳曼系的啤酒，如德式小麦啤酒是用小麦酿造，伏特加在蒸馏过程中有时也会加入小麦，同时小麦也可以作为很好的辅助原料，让酿造完成的大麦啤酒具有可口的酸度与清爽。大麦的栽种环境与小麦雷同，不过抵抗寒冷、冰雪的能力都比小麦差，因此纬度较高、积雪太久的地区不适合种植。大麦的种类可分为六棱种、四棱种、二棱种，其中野生二棱种是栽培大麦的祖先。大麦淀粉含量高、蛋白质含量低，是目前酿造啤酒最常用的原料，其中最常拿来酿制啤酒的种类是二棱大麦。黑麦又称"裸麦"，比小麦更能适应干冷的气候，主要种植在西欧高纬度地区。黑麦质地扎实，富含纤维素，除用来烤黑麦面包外，还是酿制伏特加、威士忌的常用原料。

玉米是一年生禾本科植物，原产于中南美

格瓦斯是一种流行于东欧的低酒精饮料，是用黑麦面包发酵而成的。

洲，在哥伦布发现新大陆后传播至欧洲。因为用途广泛，产量不断跃升，玉米是目前全世界产量最高的粮食作物。在人类历史中，印加帝国的子民以玉米为主要粮食，而用玉米所酿成的吉开酒更是祭祀太阳神仪式中重要的祭品。高粱是原产于非洲，除了直接烹煮食用外，也可以磨粉制成面条、煎饼、蒸糕等。高粱淀粉含量高，很适合用来酿酒，中国许多质量优良的白酒如茅台等都是用高粱酿造的，西非以红高粱酿制的多罗酒（dolo）可称得上是国民饮料。因为有些人对麸质过敏，所以也有人研发用高粱来酿啤酒。

葡萄酿酒真甜美

　　葡萄是常见的浆果类水果，东方国家主要作为水果食用，西方国家则大都用来酿造葡萄酒。人类种植葡萄的历史非常久远，大约在公元前 4600 年，亚洲中部就已经开始栽培酿酒用的葡萄了。公元前 2500 年左右，古埃及也有酿造葡萄酒的记录。在公元前 900 年左右，葡萄酒成为希腊人经常买卖的商品，腓尼基人将葡萄传入法国，罗马人则将葡萄移植到莱茵河和多瑙河流域，随后传到东方，中国的葡萄是汉代时经

各种色彩鲜艳的葡萄
葡萄是产量相当多的一种水果，约占世界上全部水果总产量的 1/4，其中产量最多的国家是法国和意大利，两国的葡萄产量合计约占世界总产量的 40%；中国的葡萄生产大多分布在黄河流域，新疆的吐鲁番也以盛产葡萄而闻名。
酿酒葡萄甜度比食用葡萄高，但籽大、皮厚、果肉少，很少直接食用；食用葡萄虽然甜度较低，但却是皮薄、果肉多，适合直接食用。

西域所传入。哥伦布发现新大陆后，葡萄栽培和酿酒的技术才逐渐传入美洲。

葡萄的栽培方法有很多种，如种子栽培、扦插和嫁接等，当培育出的枝条与新叶长到一定程度后，就可以移植到田里。将葡萄移植到田地时，植株间需留下适当的空间，同时要搭建供葡萄藤攀爬的棚架，通常一株葡萄从幼苗长大到开花、结果需 2~3

葡萄
葡萄是木本爬藤植物，枝条长，靠卷须来攀爬。叶片互生，宽大而呈掌状，叶缘有齿。花丛生，呈圆锥状。

年的时间。葡萄开花时，不能有太多的雨水，因为雨水太多会让花无法正常开放，而且也会冲掉花粉，使葡萄不能顺利结出果实。当葡萄散发出一股香气，果皮上出现白色霜状的果粉和特有的色泽时，便表示葡萄已经成熟，可以采收了。由于葡萄属于易损坏、发酵的水果，采收下来后最好先冷藏保存。

红葡萄酒主要是由紫红色葡萄发酵而来，酒里的红色色泽来自葡萄的花青素。白葡萄酒利用绿色葡萄酿造，色泽为清透的淡黄色。

酿酒用的葡萄可能源自格鲁吉亚高加索山脉的山脚下，当地有许多种葡萄原生种。几千年前，格鲁吉亚人便使用当地称为"奎乌丽"（kvevri）的陶罐来酿酒，酿造期间要用蜜蜡将瓶盖完全密封，避免酿造中的葡萄酒遭污染而变质。和食用的葡萄相比，酿酒葡萄比较小，皮厚肉薄还充满了种子，但正因其葡萄皮和种子充满了单宁，才能赋予葡萄酒各种特殊的风味。因为酿酒的时候，酵母菌

19世纪末的酿酒人与酿酒用的奎乌丽陶罐。

要有足够的糖分作为营养才能产生酒精，所以较高的甜度是酿酒葡萄必备条件之一。以一般食用葡萄来看，随着树藤年纪的老化，长出来的葡萄越来越不美味，但对于酿酒葡萄而言，老藤所结出来的葡萄反而香气更为浓郁，因此酿酒葡萄的树藤平均寿命都可达数十年以上，更有葡萄酒庄会专挑老藤葡萄来酿酒。

葡萄酒（红酒）的酿造流程

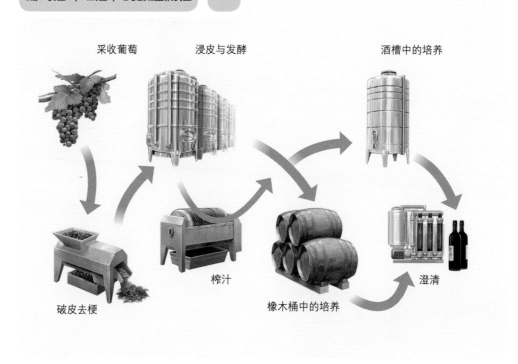

采收葡萄　　浸皮与发酵　　　　　　　　　酒槽中的培养

榨汁　　澄清

破皮去梗　　　橡木桶中的培养

想方设法酿好酒

　　酿造与蒸馏是两种最主要的制酒方法，啤酒、葡萄酒采用酿造的方法，威士忌、白兰地、伏特加等酒精浓度高的酒则采用蒸馏的方法。

从远古时代到今天，啤酒一直广受人们的喜爱。时代虽然进步了，但是啤酒的酿造方法与往昔相比并没有太大的改变。除了机器的改良与人工的减少，啤酒仍是以自然的原料、传统的方式酿造而成，还保留着崇尚自然与健康的本色。不管是酿造一桶或是数十桶啤酒，步骤几乎都一样。第一步要发麦制造出麦芽，将精选的大麦洗净，用水浸渍后，送入发芽室。等它发芽后，将其烘干、粉碎，然后进行"糖化"，即把俗称为麦芽浆的麦芽加水一起在糖化槽中煮，温度到达 64~67℃时，麦芽中的酶会把淀粉与多糖转化成单糖。糖化完成之后，过滤出麦芽汁，然后送入煮沸槽中，加热到103~105℃，同时加入啤酒花以增添其苦味和香气。为了避免麦芽汁被细菌或其他微生物污染，蒸煮完成的麦芽汁要迅速降温。煮沸槽中的麦汁送入发酵槽前，必须先在旋涡式麦汁沉淀槽及离心机中去除残渣，然后经过热交换机，让温度冷却到 6℃左右，再送往发酵槽，进行为期 7 天的前发酵。

酒精是酒的灵魂，没有酒精成分的饮料就不能称为酒。酒精由发酵作用产生。确认麦芽汁维持在适合的温度时，可以加入酵母，酵母主要的作用在于分解单糖并产生酒精、二氧化碳与酯类，酯类就是各种香气分子。发酵一段时间，可以让啤酒熟成，产生更佳的风味。完成前发酵的麦汁称为"青啤酒"，会再经由管线送入贮酒桶进行后发酵。存放贮酒桶屋子的温度要维持在 0~2℃之间，经过 6 个星期左右，啤酒就酿造完成了。然后送入粗滤机中，由里面的硅藻土来滤掉较大的杂质，再经过纸版过滤机进行更精细的过滤，这样就可以得到清澈透明的啤酒。啤酒在包装前要先送入量酒桶中存放，然后再经由管线送去包装。

由量酒桶中送出的就是生啤酒，其中一部分装瓶或装罐后，再送入杀菌机，经过 63℃左右的杀菌处理，啤酒可以保存较久的时间，这也就是所谓的熟啤酒；不经过杀菌机的生啤酒保存期限

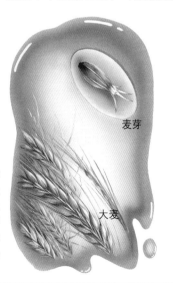

大麦发麦芽
大麦是酿造啤酒最主要的原料，酿造啤酒前必须先让大麦发出麦芽，让种子的营养提升到最大值，才能酿出最香醇可口的啤酒。

麦芽

大麦

在16世纪的欧洲，家庭式工坊是酿造啤酒的主要场所。

会比较短。啤酒花中有些非常脆弱的香气分子会被发酵过程中所产生的高温破坏，因此有些啤酒会在发酵过程结束后重新添加啤酒花，经过一段时间后再将酿造好的啤酒装瓶。

　　威士忌的原料也是谷物，步骤和啤酒相差不大，经过蒸馏的工序后，酒精浓度却高很多。酿制威士忌时也要经过发麦、糖化、发酵等工序，产生酒精后将其放入蒸馏器中加热，迅速将逸出的酒精蒸汽收集起来冷凝成液体，重复蒸馏两三次之后，就会得到高浓度的蒸馏酒液。完成的蒸馏酒液最后装入木桶中等待熟成，因此木桶的种类、木桶装填次数都会对威士忌的风味产生决定性的影响。酒液填装入木桶，置放在酒窖中慢慢熟成，一般要经过三年以上才算熟成，有

分工精细的啤酒酿造厂
啤酒的酿造方法古今差异不大，主要体现在现代化的啤酒酿造厂对于酿造过程中的每个步骤与温、湿度等环境控制更为精密。

煮沸槽

啤酒花粉颗粒

糖化槽

中国茶发展时间轴

从周朝起，巴蜀地区就开始人工种植茶树。茶脱离了药用范围，被当作汤品饮用。

秦汉时期，饮茶习俗随着秦国统一天下而流传开来。这时已经有了完整的烹茶器具，茶也被当作商品来交易。

魏晋南北朝时，佛门弟子将喝茶当成"坐禅"时的专用食物，几乎每座寺院都种茶，对茶的推广有重要的贡献。

隋唐时期，茶文化已普及，也从上流社会延伸到平民。唐代的陆羽所著《茶经》是世界上第一部有关茶的专著。

咖啡、茶和酒类的图解大事年表

贾湖遗址

这是目前发现最早的人类酿酒的遗址，属于新石器时期文化。分析发掘出来的陶片遗存后，发现留有类似酒精饮料的沉淀物，化学成分跟稻米、米酒、葡萄酒、蜂蜡、葡萄丹宁酸类似。

旅店

罗马共和国末期进攻高卢时，因行军路线漫长，旅店（inn）发展起来，可以让军队补给物资、住宿，并提供各种酒精饮料。

《茶经》

中国唐代陆羽所著《茶经》一书，可以说是唐代和唐代以前有关茶产业、茶叶的科学知识的整理总结，这也是世界上第一部关于茶的专著。

贾比尔

波斯炼金师贾比尔发明了第一个蒸馏釜，虽然他的目的是想要点石成金，但这个设施后来被用在制造酒精饮料上，满足了人类追求更高浓度酒精的欲望。

约9000年	3000年	1世纪	公元前 / 公元后	4世纪	8世纪	9世纪

啤酒

古埃及、苏美尔、巴比伦等地的人都已经会利用大麦、小麦等谷物来酿制啤酒。当时的啤酒外观像今日的稀饭一样浓稠，里面含有许多固状物，营养很丰富，是当时人们重要的蛋白质、矿物质和维生素来源。

客栈

提供住宿的同时也供应食物、酒的客栈在欧洲出现，为旅人们在长途旅行中提供饮食与落脚处。

啤酒花

在法国诺曼底的圣万佐耶修道院所收藏的9世纪的文献中，记录了一种以谷物为原料的啤酒花饮料，当时可能已经发现添加啤酒花可以让啤酒保存更久。

"跳舞羊"传说

在埃塞俄比亚的卡法地区有位牧羊人，在放牧时发现他的山羊会兴奋地四处蹦跳，四处搜寻后发现羊是吃了树丛中的红色果实才会异常兴奋。

黑死病

欧洲爆发黑死病疫情，几十年内约有 30% 以上的人死去。当时的欧洲人刚学会用蒸馏器蒸馏出酒精浓度高的酒，有人深信喝了有"生命之水"称号的蒸馏酒，就能免于染上黑死病。

茶馆

在中国，以卖茶为业的茶馆自宋代起就十分兴盛，有些茶馆装潢精美，有些茶馆有说书人说书，去茶馆喝茶是当时人们日常的休闲活动之一。

凯瑟琳皇后

葡萄牙的凯瑟琳公主嫁给英国国王查理二世后，也把喝茶的习惯带到英国，进而引领英国贵族间的饮茶风气，也开启英国在印度、斯里兰卡等殖民地种茶、制茶的事业。

| 10 世纪 | 13 世纪 | 14 世纪 | 16 世纪 | 1662 年 | 1706 年 |

咖啡传播到阿拉伯半岛

咖啡经由非洲奴隶的流动，传播到也门等地区，伊斯兰教徒们认为咖啡是真主安拉的恩赐，尤其在斋戒月期间，更是需要咖啡来提振精神。

咖啡传入欧洲

咖啡传入欧洲后，有些天主教徒认为咖啡是魔鬼的饮料，要求教皇克雷芒八世禁止教徒饮用咖啡，没想到教皇却喜欢上咖啡的口感并为咖啡祝福，从此咖啡慢慢在欧洲流行起来。

千利休

千利休是日本战国时代著名的茶道宗师，曾经是织田信长、丰臣秀吉等大将军的茶头，非常讲究茶道的精神内涵与规制礼仪，改革茶室入口更是体现茶室之中人人平等的禅意。

唐宁商店

销售各种产区、不同风味茶叶制品的唐宁商店在伦敦河岸街开设第一家店铺，所开发出带有柑橘香味的伯爵茶深受大众喜爱。在 1837 年被英国维多利亚女王认证为皇家御用茶，也被伊丽莎白二世颁授为皇室御用。

些酿酒人会把熟成的威士忌换到不同类型的木桶，让威士忌装瓶前可以吸收更多香气。由于蒸馏酒的酒精浓度相当高，熟成的威士忌装瓶前会加水调和，将酒精浓度调整为40％~46％。

发酵槽

啤酒酿造厂——发酵槽
麦汁冷却后送到发酵槽，加入液态啤酒酵母，酵母中的酵素会和麦汁中的单糖发生作用，产生酒精和二氧化碳。

威士忌酿制过程

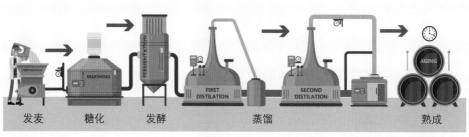

| 发麦 | 糖化 | 发酵 | 蒸馏 | 熟成 |

装瓶

经过发麦、糖化、发酵、蒸馏、熟成等工序，要好几年后才能品尝到醇香浓郁的威士忌酒。

写给孩子的植物发现之旅——饮料

图片来源：

插画来源：

神奇植物在哪里？ 抖音扫码来逛植物园

·在博物馆学植物通识课·
你知道吗？这些神奇植物改变了人类世界

·在游乐场和植物做朋友·
你认识吗？身边的植物竟然拥有"特异功能"

走进大自然探索奇趣百科，揭开生物的神秘面纱

阿萨姆红茶

英国探险家罗伯特·布鲁斯在印度的阿萨姆地区发现一种野生茶，他将这种野生茶与中国茶杂交，培育出新的红茶茶种，就是现在我们所熟知的阿萨姆红茶。

波士顿倾茶事件

北美殖民地的抗议人士因不满英国政府的苛税，将价值昂贵的茶叶倾倒入波士顿港内，导致英国政府关闭波士顿港，并制定各种法案加强对北美殖民地的控制，成为1775年美国独立战争的导火索。

欧洲咖啡馆

咖啡馆在欧洲出现后，很快就成为上流社会人士交际应酬的场所；很多知名思想家、作家也会在咖啡馆写作、批评时政或是交流各式各样的思想。咖啡馆俨然成为欧洲一种特殊的文化摇篮。

《胡桃夹子》

柴可夫斯基所创作的芭蕾舞剧，剧目中有一段是糖果仙子以世界各国的舞蹈欢迎到访的小女孩克拉拉。中国的代表性舞蹈就是"茶舞"，可见在19世纪末期西方人的印象中，茶是最具中国风情的物品之一。

| 1773年 | 17世纪 | 18世纪 | 1834年 | 1857年 | 1892年 | 1904年 |

水洗去皮法

采收下来的咖啡豆要把内外果皮、果肉和种皮除去，最后留下的种仁才是咖啡生豆。传统的方式是采用日晒去皮法，到了18世纪荷兰人发明了水洗去皮法，后来只要是水资源丰富的咖啡豆产区大都采用这种方法去皮。用水洗法去皮的咖啡豆会略带酸味。

酵母菌

微生物之父路易斯·巴斯德通过研究如何让葡萄酒不变酸，揭开了酵母菌的神秘面纱，确认酵母菌是促成发酵作用的主角，而并非发酵后的产物。

冰茶

1904年的世博会期间，在美国从事进口生意的英国人布利希登因天气太热导致热茶滞销，转而推出冰茶满足人们喝冰饮的需求。从此以后，原本只用于热饮的茶也可以用于冰饮了。

华盛顿速溶咖啡

美国发明家乔治·华盛顿发明了大规模生产速溶咖啡的技术，他的产品在 1910 年正式上市。速溶咖啡在第一次大战期间成为重要的军需用品。

摩卡壶

意大利的工业设计师阿方索·比乐蒂观察当时的洗衣机将加热后的肥皂水从底部吸上来再喷到衣服上，由此得到灵感而研发出摩卡壶，这是世界第一个利用蒸汽压力萃取咖啡的家用咖啡壶。

雀巢速溶咖啡

为了解决咖啡豆过剩的问题，巴西政府与雀巢公司共同研发出更先进的喷雾干燥法来制造速溶咖啡。

鸡尾酒

以各种蒸馏酒和其他酒精饮料、果汁、汽水等搭配调制出的"鸡尾酒"风行欧美，尤其是在 20 世纪的美国禁酒时期，酒吧还能持续供应鸡尾酒。

| 1906 年 | 1908 年 | 1933 年 | 1938 年 | 1957 年 | 19 世纪 | 20 世纪 |

咖啡滤杯与滤纸

一位爱喝咖啡的德国家庭主妇梅丽塔夫人，为她所发明的咖啡滤杯与滤纸申请了专利，同时也设立公司售卖这种滤杯。因为她的巧思，世界上所有爱喝咖啡的人都可以用咖啡滤杯和滤纸简单地冲泡出好喝的咖啡。

《茶馆》

老舍先生所创作的三幕话剧，以戊戌变法、军阀混战和新中国成立前夕三个时期发生在茶馆各种人物和生活上的变迁来展现大时代的变化。这出话剧演出数十年而不衰，是北京人民艺术剧院经常演出的剧目。

茶包

为了减少作为样品的茶叶数量，美国的茶叶商人托马斯·苏利文将样品茶包在布包中送给客户，没想到客户觉得非常方便，反而希望能继续购买到这样的商品。茶叶商人误打误撞的操作促成了茶包的问世。

明太祖朱元璋下令停止龙团制作，饮茶方式改为现在通用的沏泡法，并逐渐变成民间生活的一部分。

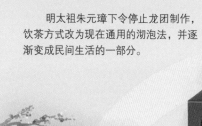

元朝时，民间改喝散茶。牙茶和叶茶的制作技术提升。

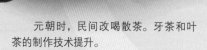

到了清朝，茶馆小栈林立，泡茶技艺和茶文化更加丰富，以现代冲泡方式为主。

宋徽宗是有名的爱茶人士，著有《大观茶论》。宋朝流行"点茶法"，全民皆为之疯狂，当新茶上市时，还会相约来"斗茶"。此时茶叶会被压制成茶饼、茶团。